人工智能下的复杂场景视觉目标跟踪方法

王　军　王员云　著

江西科学技术出版社
江西·南昌

图书在版编目(CIP)数据

人工智能下的复杂场景视觉目标跟踪方法 / 王军，王员云著. —南昌 ：江西科学技术出版社，2024.1
ISBN 978-7-5390-8934-8

Ⅰ.①人… Ⅱ.①王… ②王… Ⅲ.①人工智能-应用-计算机视觉-视觉跟踪-方法研究 Ⅳ.①TP391.41

中国国家版本馆 CIP 数据核字(2024)第 033384 号
国际互联网(Internet)地址：
http://www.jxkjcbs.com
选题序号:ZK2023388

人工智能下的复杂场景视觉目标跟踪方法
RENGONG ZHINENG XIA DE FUZA CHANGJING
SHIJUE MUBIAO GENZONG FANGFA
王军 王员云 著

出版发行	江西科学技术出版社
社址	南昌市蓼洲街 2 号附 1 号 邮编:330009 电话:(0791)86623491 86639342(传真)
印刷	江西骁翰科技有限公司
经销	各地新华书店
开本	787 mm×1092 mm 1/16
字数	160 千字
印张	8
版次	2024 年 1 月第 1 版
印次	2024 年 1 月第 1 次印刷
书号	ISBN 978-7-5390-8934-8
定价	68.00 元

赣版权登字-03-2024-34

内容简介

本书是目标跟踪领域的学术专著，介绍了目标跟踪的研究背景与意义、国内外研究现状、目标跟踪数据集和度量指标、目标跟踪网络模型、算法描述及仿真实验等，反映了著者近年来在目标跟踪领域的主要研究成果。

主要内容包括：绪论、基于卷积神经网络和字典对学习的目标跟踪、基于注意力模块的目标跟踪、基于卷积自注意力的无人机目标跟踪、基于可学习稀疏转换的目标跟踪、基于图匹配的洗牌注意力目标跟踪、基于频域通道注意力机制的目标跟踪、基于稀疏卷积与通道空间注意力的目标跟踪等。本书介绍了这些方法的基本原理、算法步骤及实验结果与验证等。

本书适合高等院校从事图像与视频信息处理、计算机视觉、人工智能等专业的高年级本科生、研究生和教师阅读，也可作为从事计算机视觉、模式识别及人工智能等相关领域的研究和工程技术开发人员的参考用书。

前　言

目标跟踪是计算机视觉领域的基础研究方向之一，被广泛应用到智能视频监控、人机交互、智能自动驾驶和智慧城市等诸多领域中。目标跟踪是对视频序列中感兴趣的运行目标的状态、位置等进行估计和预测，并进一步获得该目标的运动轨迹，为视频运动分析等更高级的视觉研究任务提供研究基础，进而实现对运动目标进行理解。近几十年来，目标跟踪技术得到了快速发展，跟踪的准确性和实时性进一步得到提升，目标跟踪技术被成功应用在诸多视觉领域中。然而，由于受到跟踪过程中的形变、快速运动等自身因素及光照变化、场景变化等诸多外部因素影响，设计能够跟踪一般性目标的普适性算法仍然是一项具有挑战性的任务。本书针对复杂场景下单目标跟踪进行研究，主要内容包括：

第 1 章主要介绍目标跟踪的研究背景与意义、目标跟踪中的主要挑战、国内外研究现状、目标跟踪的数据集与度量标准，以及目标跟踪中的主要网络模型。

第 2 章主要研究基于卷积神经网络和字典对学习的目标跟踪算法。在粒子滤波框架下，使用大规模数据集对卷积神经网络模型进行训练，利用训练后的模型进行目标模板和目标候选块的特征提取，训练的卷积神经网络模型包括三个卷积层和两个全连接层。同时，基于被训练的卷积神经网络模型进行训练样本的特征提取，并使用正负样本联合学习一个字典对，也就是一个合成字典和一个分析字典。在字典学习过程中，对目标表观变化进行学习，并使用学习后的字典进行目标候选块的编码。每个候选块样本使用被学习字典的一个线性组合进行表示。实验结果表明，该算法获得了优越的跟踪性能。

第 3 章提出一种基于卷积神经网络与注意力机制的骨干网络模型。在孪生网络结构下，该注意力机制包括一个通道注意力模块和一个空间注意力模块。通道注意力模块使用被学习的全局信息选择性地聚焦于卷积特征上，有效地提升了网络表示能力。空间注意力模块可以获取目标候选块的上下文信息和语义特征信息。基于注意力机制的骨干网络具有轻量级和实时性的特征。基于该骨干网络的跟踪算法针对复杂的表观变化具有较好的处理效果，使用大规模数据集进行训练，在 OTB2015 等数据集上取得了较好的跟踪效果。

第 4 章主要研究基于卷积神经网络与多头自注意力模块的特征融合网络模型。同时，基于该特征融合网络，提出一种简单、有效的局部 - 全局搜索区域策略的跟踪算法，并在无人机视频跟踪等数据集上应用测试。其中，卷积神经网络模型利用了深度残差网络的前两个阶段，而第三阶段则由 MHSA 模块完全取代。特征融合网络模型用于分别提取模板分支上的目标图像特征和搜索分支上的搜索区域目标图像特征。通过多头自注意力模块对各局部语义信息进行聚合，得到全局上下文相关信息。该算法在无人机跟踪数据集上取得了较好的跟踪效果。

第 5 章主要研究基于可学习稀疏转换的目标跟踪算法，通过引入一种可学习稀疏转换模块（LST）与主干网络 AlexNet 共同构建端到端的深度模型，同时利用简单且高效的互相关操作进行目标模板和搜索区域图像的相似性计算。所提出的跟踪算法能够有效缓解跟踪过程中的局部遮挡、快速运动等难点问题，并且相对于传统的 AlexNet 主干网络，拥有更少的网络参数量及更快的收敛速度。此外，可学习稀疏转换模块从空间和通道维度出发，减少了模型的空间特征冗余，并探索和利用了通道间的特征依赖性。

第 6 章提出一种基于洗牌注意机制和图匹配的孪生网络跟踪算法。通过主干网络中的洗牌注意机制重构基本特征，并通过空间和通道转换使特征表示聚焦于感兴趣区域。与传统的互相关相似性度量不同，由部分到部分的图注意匹配方法进一步提高了在遮挡等复杂场景下的跟踪鲁棒性。基于 CNN 和洗牌注意单元的端到端深度模型增强了特征表示的能力。该模型充分利用了主干网络的多尺度卷积核级联操作，以捕获更多丰富的特征细节信息，基于该模型提出了一种基于孪生网络的视频跟踪算法框架，包括设计的端到端深度模型和图注意力相似度匹配。该深度模型能够利用卷积神经网络以及洗牌注意力的优势，充分挖掘目标模板和搜索区域的特征相关性，以减少参数冗余。

第 7 章提出了一种基于频域通道注意力机制的目标跟踪算法。该算法由一个通道注意力模块和一个跟踪网络组成，该算法以孪生网络结构为基础框架，将模板图像和搜索图像分别输入两条分支中，并使用共享参数的全卷积 AlexNet 网络提取图像特征。为了提升网络模型对目标信息的敏感度，该算法使用了通道注意力模块对模板特征图进行了特征增强处理。

传统的通道注意力模块使用了全局平均池化学习得到一组权重系数，并使用这组权重系数对特征图进行加权融合。然而全局平均池化操作对通道内的所有空间元素进行了均值计算，抑制了特征信息的多样性。

第 8 章中提出了一种基于稀疏卷积的通道空间注意力目标跟踪算法。该算法将通道维度和空间维度相结合，将模板特征图划分为不同的神经元，利用神经元的重要性和神经元之间的相关性，在 3D 维度上构建注意力模型，并将其与模板特征相融合，这一步操作有利于增强算法的判别能力。此外，该算法使用了稀疏可切换归一化函数。该函数结合了批量归一化、层归一化、实例归一化三种归一化方法，在跟踪过程中，为每个卷积层选择一个归一化器，进一步提升卷积层的泛化能力。由于稀疏可切换归一化函数使用了稀疏表示方法，对低于阈值的输出数据分配零概率，通过降低计算负担进一步提升了跟踪算法的速度。

本书由南昌工程学院王军、王员云根据近年来的教学和科研成果进一步组织编写。同时，本书也参考了国内外诸多专家学者的学术论文和专著，在此谨向他们表示感谢。由于著者水平有限，书中难免存在不足之处，希望读者批评、指正。

著　者

2023 年 10 月

目　录

第 1 章　绪论

1.1　研究背景与意义

随着计算机的普及和智能技术的发展，计算机视觉技术得到快速的发展和广泛的应用。计算机视觉的主要任务是利用图形学、数学、人工智能等理论知识，通过计算机和摄像机等对场景中目标的外观、位置、姿态等几何信息进行描述和识别。计算机视觉通过不同的方法对图像或视频进行智能处理，提取图像或视频中的目标信息并进行研究。计算机视觉领域中的主要研究方向包括目标检测、目标跟踪以及目标分类与识别等。其中，目标跟踪是计算机视觉的一个重要的研究分支，被广泛应用在智能视频监控、人机交互、自动驾驶等视觉任务中。

目标跟踪的主要目的是在连续的视频序列中，建立指定目标在连续帧间的位置联系，获得被跟踪目标完整的运动轨迹。通常，在图像的第一帧（即初始帧）中标注出目标的状态信息，包括目标位置信息和尺度大小等，通过不同的计算方法预测目标在下一图像帧中的状态，并用边界框对目标进行表示。在视频序列的后续帧图像中对目标的位置进行连续预测并输出每帧中的目标信息。目标跟踪技术被广泛应用在诸多视觉领域中，如智能监控[1]、人机交互[2]、视频分析[3]等。近年来，目标跟踪技术在跟踪速度和性能方面取得了很大的进步，但由于受到光照变化、快速运动、尺度变化及部分被遮挡等不确定环境变化因素的影响，目标跟踪仍然是一项具有挑战性的研究任务。在跟踪过程中，存在许多干扰因素，目前的目标跟踪算法主要是处理这些目标外观和场景的变化，并获得鲁棒的跟踪结果。

目标跟踪方法涉及图像处理、机器学习、统计学及最优化等理论和方法。随着应用场景的复杂变化，传统机器学习方法难以学习高维空间下的复杂函数关系，并且计算成本巨大；同时，它在多种人工智能场景中的泛化能力不足。深度学习旨在克服传统机器学习中存在的一些难题。在深度学习中,通过网络算法逐层抽取原始数据中包含的特征信息,包括从简单到抽象的特征信息。而这些通过学习获取的抽象的特征信息被映射到任务目标中,这些特征信息可以满足此任务输出所需要的最终特征表示形式[4]。此外,深度学习不仅包含传统机器学习中的模型学习,而且包含特征学习、特征抽象表示等模块。它借助多层的概念任务模块来实现不同场景下的学习任务目标。

神经网络算法是深度学习中的代表算法,它包括卷积神经网络、递归神经网络、深度置信网络等。其中,卷积神经网络在自然语言处理、计算机视觉、图像处理等许多重要研究领域中取得突破性进展。近年来,基于卷积神经网络(convolutional neural network, CNN)的跟踪算法由于具有较强的目标表征能力而受到广泛关注[5]。考虑到训练样本数量有限以及CNN依赖大规模训练的能力,不能直接将CNN应用到目标跟踪中,通常使用大规模数据集对CNN进行预训练,再将训练获得的深度CNN模型应用在目标跟踪中,例如MDNet[6]算法构造了一个较浅的CNN架构。CNN模型由于其强大的特征提取和目标分类能力,人们通常使用经过训练的CNN模型进行目标表示,在目标跟踪中表现出鲁棒的跟踪性能。

为了进一步提高CNN的性能,研究人员从网络的深度、宽度、基数等方面进行CNN模型的改进,以此来提升对目标特征的表示能力。但是,仅从以上方面进行改进会带来较高的计算代价,而且对目标表示能力的提升也有限。因此,许多研究集中于网络结构设计的一个重要因素,即注意力机制[7]。注意力机制被广泛应用于基于深度学习的诸多领域,如图像处理、语音识别、自然语言处理、目标跟踪等。特别是在神经网络结构设计上,注意力机制首次被用于机器翻译[8]。一般来说,注意力机制主要集中在大量信息中的一些关键信息上,而忽略其他不相关的信息。此外,黑箱模型是人们对于深度神经网络的初认知[9],而利用注意力机制可以提高“黑箱模型”可解释性。在没有额外监督的情况下,引入注意力机制可以提高CNN模型的性能。卷积运算通常是CNN的关键组成部分,它可以通过局部卷积核提取信道和空间融合的信息特征。因此,增强CNN模型的表示能力意味着可以进一步提高目标跟踪性能。

目标跟踪作为计算机视觉中的一项基础性的研究任务,也是进行更高级别的图像处理的前提和基础。目标跟踪技术在日常民用和工业等方面都有着广泛的应用。空中无人机跟踪以自身的优势和优越的性能,目前是遥感领域中最活跃的应用之一。特别是基于无人机(unmanned aerial Vehicle,UAV)的遥感系统,配备目标跟踪相关技术方法[10],它已经被广泛应用于航空、导航、农业、交通、公共安全等领域。而基于无人机的空中跟踪平台已从研究逐步发展到实际应用阶段,成为未来主要的航空遥感技术之一。目前,目标跟踪技术被广泛应用在智能视频监控[11]、视觉导航系统[12]、人机交互[13]、医学诊断[14]、三维重建[15]、智能交通系统[16]等领域中。

随着人工智能理论和技术的快速发展，目标跟踪被广泛应用于诸多的视觉场景中。但由于实际场景中存在多种挑战因素，例如目标外观变化、目标遮挡、背景复杂、剧烈光照变化等，目标跟踪仍然受到很大的局限和挑战。因此，如何使用有限的训练数据建立一个具有高鲁棒性的跟踪器是一个十分具有挑战性的问题。针对复杂的跟踪环境，研究和优化目标跟踪器对于解决实际场景中的目标跟踪问题具有强烈的现实意义和应用价值。为了解决这个问题，需要开展深入的研究和优化，以提高目标跟踪器的性能和可靠性。

1.2 目标跟踪中的主要挑战

目标跟踪算法在实际应用场景中仍然面临诸多挑战和各种表观变化的影响，研究人员致力减少目标跟踪过程中这些因素对跟踪过程的影响，有效地提升跟踪算法的性能，这些因素主要包括：

(1)光照变化。当目标表面的光照强度和光照面积发生变化时，会导致目标表观发生明显的变化，特别是受到强烈的光照变化时，会导致跟踪漂移等问题发生。因此，需要针对这种情况进行相应的处理和优化，以提高目标跟踪的准确性和稳定性。

(2)复杂背景。对目标的跟踪结果会受到周边背景的影响，特别是在基于判别式的跟踪算法中，需要更好地将目标和背景区分开来。在目标运动过程中，背景会随之发生变化。这种变化给目标跟踪算法带来一定的难度，因为算法无法准确地描述目标的外观，并且可能会导致目标区域的预测出现误差。

(3)局部遮挡。当目标被自身或者其他物体遮挡时，会引起目标的外观变化，这种变化可能会在后续的模型更新过程中引入噪声，从而导致目标跟踪的漂移等问题。为了应对这个问题，通常的做法是对遮挡进行处理或者对目标的特征进行更加准确的提取和建模，以便更好地适应目标外观变化的情况。

(4)快速运动。在目标跟踪任务中，目标的快速运动是一个普遍存在的挑战。由于帧率的限制和目标位置短时间内的显著变化，跟踪算法难以准确地预测下一帧中目标的位置。此外，目标在快速运动时，其视觉特征也会发生相应的变化，这使得跟踪器很难正确识别目标。

(5)平面内旋转。目标的平面内旋转是指目标在平面内绕自身的中心点进行旋转，这种旋转会改变目标在图像中的外观。在目标跟踪任务中，平面内旋转也是一种常见的变化情况，可能会对跟踪算法造成挑战。

(6)非刚性形变。目标在运动过程中可能发生非刚性变化，即身体外观会发生转变。这种外观变化可能会导致建模过程受到外观变化的干扰而使跟踪误差增大,从而使得算法在后续跟踪过程中不能准确匹配目标。

此外,目标跟踪算法本身也有一定的局限性。首先,现存的大部分目标跟踪算法无法有效应对跟踪场景中存在的所有因素;其次,由于目标跟踪算法具有迭代性,当跟踪过程中出现错误时,错误的误差将随着迭代的增加而增大,最终导致跟踪漂移甚至失败。

1.3 国内外研究现状

目标跟踪是计算机视觉中一个重要的研究方向,目前许多国内外的研究者一直致力于研究视频图像中感兴趣的目标跟踪问题,并提出一些满足准确率高和具有实时性的目标跟踪算法。历经多年的研究,目标跟踪在理论上和工程应用上已经获得了长足的发展,并且随着人工智能和大数据技术的发展,特别是计算机硬件在性能上取得突破性的发展,目标跟踪的相关技术已经被广泛应用到日常生活、工业技术中。

按照视频图像中给定的目标的数量,目标跟踪可分为单目标跟踪和多目标跟踪,本书主要研究单目标跟踪。目标跟踪过程中存在许多挑战性因素[17-18],诸多因素会影响跟踪的结果。目标跟踪的难点在于建立鲁棒的外观模型。其中,外观变化包含内在变化和外在变化两种。内在外观变化主要指的是给定目标的形状变化和位置变化等,而外在外观变化主要指的是光照变化、摄像机运动和遮挡造成的变化等。在跟踪过程中,需要处理好这些挑战性因素的影响,使得所设计的算法具有更好的鲁棒性和准确率,从而提高算法的跟踪性能。

近年来,随着诸多大规模公开标注图像数据集的出现以及计算机硬件性能和软件技术的突破性进展,深度学习在计算机视觉的各个领域已经取得很大的成功。目标跟踪也受到了前所未有的关注,成为计算机视觉中一个独立的研究方向。目标跟踪技术也是人工智能和计算机视觉领域的期刊和顶级会议的主要议题,主要的会议有 CVPR(IEEE Conference on Computer Vision and Pattern Recognition),ECCV(European Conference on Computer Vision),ICCV(IEEE International Conference on Computer Vision),顶级期刊主要有 TPAMI(IEEE Transactions on Pattern Analysis and Machine Intelligence),IJCV(International Journal of Computer Vision),PR(Pattern Recognition),以及《计算机学报》《中国图像图形学报》等国际和国内期刊。在以上顶级会议和期刊上发表的研究成果极大促进了目标跟踪技术的快速发展。同时,每年有一些关于目标跟踪的竞赛举办,如 VOT(Visual Object Tracking)等。

从目标表观模型的角度出发,可以将大多数视觉算法划分为基于生成式和基于判别式两种算法。其中,基于生成式的目标跟踪算法,将跟踪问题转化为在搜索区域寻找与目标模型最相似的候选样本作为当前帧的跟踪结果,搜索区域通常由初始帧目标的位置和大小决定,具有代表性的算法有均值偏移和稀疏表示等。基于判别式的目标跟踪算法将跟踪问题作为一个二分类问题来考虑,并将前景和背景作为分类器的训练对象,将分类器最信任的区域作为当前视频帧的目标位置。同时,在跟踪过程中,将前一帧的结果作为样本更新分类器。基于判别式的目标跟踪算法以强大的目标表征能力,成为当前目标跟踪算法的主流趋势。本书将从基于生成式的目标跟踪、基于判别式的目标跟踪、基于深度学习的目标跟踪三方面进行分析与回顾。

1.3.1　基于生成式的目标跟踪

跟踪算法可以追溯到1981年提出的具有代表性的LK光流法,在基于物体移动的光学特性基础上,开创性地提出两个假设:①假设有一运动物体,该物体的灰度值在短时间内保持不变;②假设有一运动目标,其速度向量场变化在其领域内变化是极其缓慢的。随后,在此基础上,进行算法改进,文献[19]中将Harris角点检测与光流法融合,通过舍弃Harris像素特征点,使得跟踪算法的复杂性降低,获得了较好的成效。在文献[20]中,通过与尺度不变特性变换特征(SIFT)相结合,取得了不错的跟踪效果。文献[21]中给出了利用矢量确定目标的运动状态。同时,在文献[22]中,引入了前景约束条件,进一步提高了算法匹配问题的准确度。在文献[23]中,在考虑特征约束的条件下,利用光流场模型实现对目标的有效跟踪,有效降低了模型的复杂度。

均值偏移(Mean Shift)最早是由Fukunaga等[24]于1975年发表的一篇有关概率与密度梯度函数的估计文章中提到的。作为一个经典的非参数计算工具,均值偏移的实质是基于梯度上升的局部寻优计算,已被广泛应用于计算机视觉领域上。最初,把均值偏移原理运用到目标跟踪领域上是由Comaniciu等[25]提出的,具有结构简单、速度较快等优势,但是在处理尺度变化、遮挡及背景复杂等因素方面不够理想。随后,Wang等[26]提出基于分块的均值偏移跟踪算法,通过对不同分块的中心位置的加权投票,有效缓解了遮挡对跟踪结果的影响。Collins等[27]采用尺度空间(scale space)与均值漂移结合的方式,提高了算法在严重的尺度变化场景下跟踪的稳定性。此外,还有一些研究将全局寻优的粒子滤波与均值漂移融合[28],缓解了陷入局部最小值的麻烦。

基于稀疏表示理论的目标跟踪算法曾是一个研究热点方向,Mei等[29]将稀疏表示方法应用到目标跟踪上,提出了一种基于L1最小化的目标跟踪算法。算法中假定一个待跟踪的目标可以使用目标模板和目标遮挡两者构成的字典进行稀疏化表示。其中,目标模板用于在线更新来适应目标表观的变化,遮挡模板用于在跟踪过程中目标可能会发生的遮挡。文献[30-32]中,对基于稀疏表示的目标跟踪方法进行了改进,利用稀疏表示方法对目标表观进行建模。另外,在特征提取及运动状态的建模方面,也开始使用稀疏表示进行研究。

由于现实场景的复杂性及待跟踪物体的不确定性，且基于生成式的目标跟踪算法没有充分利用图像中的背景信息，所以这类算法有着明显的缺点，在光照变化、低分辨率及运动模糊等环境下，表现得不够鲁棒。

1.3.2 基于判别式的目标跟踪

在判别式模型中，目标跟踪被看成一个二分类问题，利用目标信息和背景信息进行分类器学习，并用该分类器进行目标的前、背景的区分。判别式跟踪器通常分为回归模型和分类模型两类，它被用于寻找能够区分目标和背景的最佳位置。基于判别式模型的跟踪算法大致可以分为分类判别式模型和回归判别式模型两大类：

（1）分类判别式模型。分类判别式模型最早是文献[33]中提出的一种自主地适应对当前帧前景和背景最具有辨别力的颜色特征的分类跟踪方法。同时，支持向量机和 AdaBoost 等[35]机器学习方法被使用于训练分类器，并取得了较好的分类性能。

Zuo 等[34]设计了一种高效的学习支持相关滤波器的目标跟踪方法，通过重新定义支持向量机模型，将循环数据矩阵作为训练输入。此外，还提出一种基于离散傅里叶变换的交替优化算法来有效的学习支持相关滤波器。Wang 等[36]提出一种大边缘目标跟踪算法，该算法采用循环特征图。此外，该算法将支持向量机和相关滤波器结合，充分利用了结构化输出支持向量机的强大判别能力，并加快了跟踪算法速度。

Grabner 等[35]提出了一种通用的跟踪算法，其核心部分是一个在线 AdaBoost，该算法将跟踪问题视为背景和目标之间的二元分类问题，区别于大多数现有算法，将跟踪任务和目标的表示方法作为两个不同的阶段，并利用一个固定的表示来应对目标的表观变化，该算法能够在跟踪过程中适应目标的表观变化，并选择合适的特征将目标从周围背景中区分出来。

（2）回归判别式模型。文献[37]将相关滤波器引入目标跟踪领域，提出一种基于输出结果的最小均方误差训练滤波器，随后作用于搜索区域，以得到响应图，分数越高的位置说明目标的概率越大，并且在灰度特征下跟踪速度能达到 600 帧/秒。此后，基于此类的回归判别式模型的跟踪算法逐渐成为主流趋势，其中以基于相关滤波器的跟踪算法为代表，其不管是在准确度上还是在速度上，都得到了极大的提升。文献[38]在 MOSSE 理论基础上，增加引入正则项以有效防止过拟合，并明确提出了分类器的定义，同时引入了循环矩阵和核函数方法来进一步提高计算速度。文献[39]在分析阐明了色彩属性转换对于目标跟踪问题的独特优势，给出了一种自适应低维颜色属性的过渡方法，并在具有光照变化的挑战性视频序列上实现了很好的性能。文献[40]中将用于训练分类器的特征扩展为多个，并结合尺度金字塔的方式实现目标的尺度自适应跟踪，由于使用灰度特征和颜色特征等，提出了将方向梯度直方图（HOG）、颜色特征（CN）以及灰度特征融合进行目标跟踪，并在当时实现非常鲁棒的性能。

基于相关滤波器的跟踪算法[41][42]在 KCF[43]算法被提出后，受到广泛的关注，如图 1.1 所示，KCF 提出通过研究目标附近邻域的循环矩阵收集正负样本，并且运用循环矩阵在傅里叶空间对角化的特性，将矩阵数据的计算转变为矢量的 Hadamard 积，即元素的点乘，在减少了算法处理量的基础上，大大提高了算法速率。此外，运用核函数将线性空间的脊回归映射到非线性空间结构，将该计算转化为非线性空间结构中的对偶问题进行求解，并且能够运用循环矩阵傅里叶空间对角化进行简单分析，最后提出了一条多特征融合途径。后续很多算法都是在 KCF 基础上的改进，文献[44]提出了一个融合互补因子在同一个回归框架中，结合 HOG 和颜色特征进行跟踪，超越了当时大部分的跟踪算法。由于传统的基于相关滤波器算法存在边界效应，并在边界处产生错误样本造成分类器的判别能力下降，后续的不少算法都是对此做出改进，并取得了较好的跟踪效果。

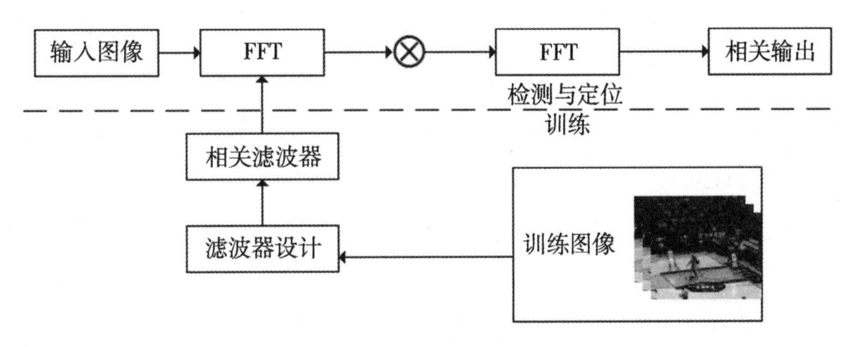

图 1.1　相关滤波器算法流程

文献[45]中提出忽略所有移位样本的边界部分像素，同时加入空域正则项，惩罚边界区域的滤波器系数。文献[46]提出通过由正样本循环移位产生的真实负样本，从而扩展搜索范围，并且提供了一个基于 ADMM 的方案，滤波器利用多通道特征(比如 HOG)，使计算工作量大大减少。文献[47]把时间正则化加入 SRDCF 算法中，设计了一个时间正则化相关滤波器，从而在剧烈的外观改变时，跟踪器能够更加鲁棒。ASRCF[48]提出一种自适应空间约束机制，从而学习到一个空间权重，以满足目标外观变化。AutoTracker[49]提出一种在线自适应时空正则项，并使用空间域局部响应图使滤波器更关注目标区域，全局响应图用来验证和更新滤波器。

1.3.3　基于深度学习的目标跟踪

基于深度学习的目标跟踪算法[50]主要利用卷积神经网络对跟踪目标特征的强大表征能力，并在目标跟踪领域取得了巨大的成功。在常见的测试基准集 OTB2015[51]以及 VOT[52-53]上，基于深度学习的跟踪算法不论是跟踪准确性还是实时性，都远超传统跟踪算法。到目前为止，主流的跟踪算法研究方向包括以下分支：一条分支是基于相关滤波器的跟踪算法与深度特征结合，这类方法被称为基于预训练深度特性的跟踪；另一条分支是基于端到端的卷积神经网络进行目标跟踪,例如基于孪生网络的跟踪、基于深度强化学习的跟踪和基于注意力机制的跟踪等。这几类跟踪器又称为基于离线训练特征的跟踪。总之,目标跟踪是一个复杂的问题,需要综合考虑多个因素,例如鲁棒性、准确性、速度等。下面将通过这两条分支进行阐述。

首先,第一条分支是基于预训练深度特征的跟踪。前几年,很多算法是结合深度学习的方法及相关滤波算法,并收到了一定的成效。相关滤波算法的核心思想是将目标模板与搜索范围内提取的候选样本进行相似性匹配,得到响应值最大位置是当前帧的目标位置。由于之前的工作使用的是滑动窗口,采取候选样本,计算速度受到了一定的影响,后续为提高相关性匹配速度,使用中心样本循环移位近似滑窗得到的候选样本,并使用循环矩阵将计算转到频域进行加速。对比早期使用的传统特征(例如灰度特征、HOG、SIFT 等),由深度卷积网络提取的特征具有抗干扰等优秀性质,在一段时间内,基于预训练模型的相关滤波器跟踪算法占据跟踪算法的主流地位。

HCF[54]指出 VGG(visual geometry group)网络深层特征具有更多的语义信息,能够在复杂的场景中定位到目标的大致区域,而浅层特征具有良好的空间细节信息,能够对目标位置进行准确的定位,如图 1.2 所示,结合深层特征和浅层特征融合到相关滤波器中,取得了很好的跟踪效果。HCF 使用预训练模型 VGG - 16 中的 Conv3 - 4、Conv4 - 4 及 Conv5 - 4 层的输出特征,训练不同的滤波器,在深层特征确定目标的大致区域,在浅层特征中进行目标的定位。但是该算法没有在线更新对目标的尺寸进行处理,在整个跟踪过程中,假设目标的尺度不变,因此在一些场景下不够鲁棒。

HDT[55]利用 Hedge 算法,将各层特征训练得到的滤波器进行融合提升。C - COT[56]同样使用 VGG 提取特征,并通过三次样条函数进行插值处理,将不同分辨率的特征图通过插值处理融合到每一个连续的空间域,并利用 Hessian 矩阵来获取亚像素精度的目标位置。为有效克服原有 C - COT 运算精度复杂、要求高的问题,ECO[57]提出了因式分解、样本分组和更新策略为基础的改进,在保证跟踪准确度的前提下,速度得到了显著的提升。UPDT[58]提出针对不同深度的特征层,需要不同的训练方式,并且通过数据增强和差异响应函数来提升跟踪器的性能。

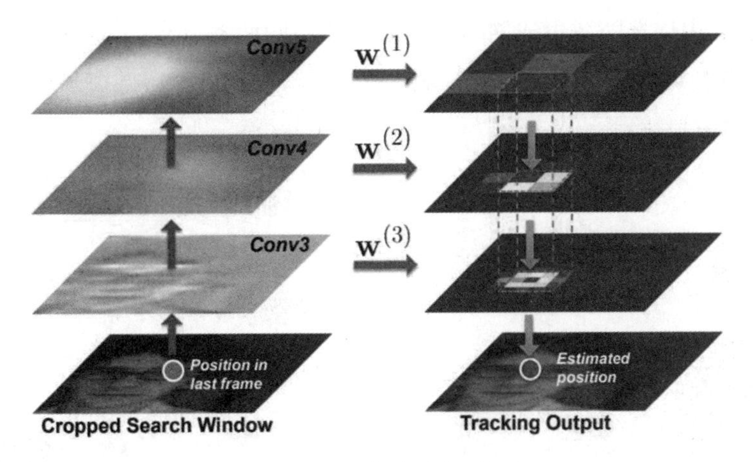

图 1.2　HCF 算法的主要阶段

其次,另一条分支是基于离线训练特征的跟踪算法主要是通过端到端的方式训练与跟踪任务相匹配的特征,并且使用神经网络模拟相关滤波的过程。在相关滤波中,需要将目标模板和搜索区域的候选样本进行相关性匹配。在此基础上,提出了孪生网络结构。其中,一条支路用于提取初始帧目标模板特征,另一条分支用于搜索区域的特征提取,最后将两个分支进行相关操作,得到响应图,根据响应图判断目标位置的变化状态。

孪生网络的结构非常简单,通过将目标模板与搜索区域送进同一个特征提取深度网络中,然后比较目标模板和搜索区域的相关性,得到响应图,并根据响应图得到最终的目标位置。SINT[59]开创性地通过孪生网络学习一个匹配函数,在得到第一帧目标信息后,接下来的每一帧的候选框都和第一帧目标框进行匹配度计算,得分最高的候选框即为当前帧中目标。近几年,SiamFC[60]带动着孪生网络在跟踪领域的兴起,提出了一种全连接孪生网络,实现了端到端的训练。离线训练得到目标模板的泛化,推理阶段只需要预测即可。谭建豪等[61]为提高跟踪算法精度,引入了 DenseNet 作为主干网络,并结合全局上下文模块增强表观模型的判别能力。

DSiam[62]提出一种新的动态孪生网络,该网络包含一个通用的形变学习模型,可以从之前帧中在线学习目标表观变化和背景抑制。该算法在 SiamFC 基础上,在模板分支增加了模板更新策略,在搜索区域增加了背景抑制。此外,还借鉴了相关滤波可以通过循环卷积实现快速跟踪,并使用了循环卷积进行快速变形和参数学习。StruckSiam[63]在 SiamFC 的基础上,添加了三个模块。第一个是提出了一个局部模式检测方法,使得算法可以自动找到目标最具有判别力的部分;第二个是利用差分操作实现了信息传递,使得算法可以同时学习局部模式和全局模式之间的关系;第三个提出了一种新的匹配网络,可以实时进行高精度跟踪。

SiamRPN[64]提出了孪生候选区域生成网络,能够利用大尺度的图像对离线端到端训练。如图 1.3 所示,这个结构包括两个部分:一个是用于特征提取的孪生子网络,另一个是候选提议生成网络，其中候选区域生成网络包括分类和回归两条分支。SiamRPN 开创性地将最先用于目标检测中 RPN(region proposal network)[65]结合到目标跟踪领域，并成为近年来目标跟踪算法的主流趋势。

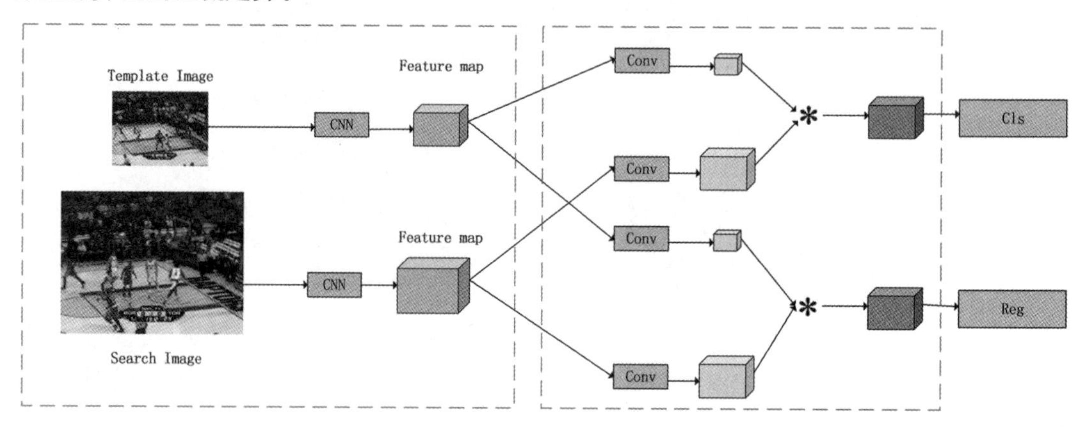

图 1.3 SiamRPN 算法框架

DaSiamRPN[66]针对当时孪生系列跟踪算法存在的一些缺陷，如当场景中存在干扰物时，跟踪器性能不是很好，大部分的孪生跟踪器在线跟踪阶段不更新模型，训练好的模型在不同场景下是不变的，在带来高速度的优势下，造成了精度下降，DaSiamRPN 主要是在 SiamRPN 的基础上做出改进，针对上述一些缺陷，提出使用大规模公开数据集加入训练阶段，同时通过一系列的增强手段，如平移、调整大小、灰度化等扩充正样本对的种类。此外，针对场景中出现干扰物对跟踪结果的影响，提出了增加不同类别的困难样本来避免跟踪结果的漂移，以及增加相同类别的困难负样本来更加关注目标的细节表达。

SiamRPN + +[67]主要解决的问题是将深层基准网络 ResNet[68]、Inception[69]等应用到基于孪生网络的跟踪网络中。SiamMask[70]算是孪生系列跟踪算法的另一大佳作，该算法开创性地将目标跟踪和目标分割结合起来，作者在全卷积孪生网络上增加掩膜分支来实现对目标的分割，同时增强网络的损失函数，优化网络。

SiamDW[71]通过一系列的实验发现主干网络影响孪生网络的三个重要因素为最后一层的感受野大小、网络步长和特征的 padding 的有无，并且总结了一个孪生网络结构的设计指南。该算法主要设计了一个新的网络结构，能够加深网络并且增加网络宽度，在替换掉 SiamFC 和 SiamRPN 的主干网络后，使之性能得到了提升。SiamFC + +[72]是一种基于无锚框的目标跟踪算法，主要改进是边界框的回归方式，通过四层特征层来表征四个方向的偏移量，并指出 RPN 的基于锚框的目标跟踪算法容易引入很多歧义信息。

SiamAttn[73]通过在主干网络融合自注意力机制进行特征加强，并通过互注意力机制提高目标模板和搜索区域的关联性。SiamBAN[74]通过学习背景和前景两个类别图来做定位，并通过边界框回归学习偏移量。Ocean[75]是基于无锚框的目标跟踪算法进行提升跟踪性能,类似于 SiamFC + +,不同的是其加入了一个在线更新网络,以取得长时跟踪下显著的性能提升。

由于现有的一些跟踪器忽略了准确的目标状态估计(target state estimation)(也就是包围框的回归问题)。实际中,许多分类器采用简单的多尺度搜索方法(例如 SiamFC)来估计目标的包围框,这种方法本质上是局限的,因为目标估计是一个很复杂的事情,需要有该目标的高层次信息(high – level knowledge)。

Danelljan 等研究者[76]提出了一个新颖的跟踪架构来解决这个问题,该架构由专门的目标估计(target estimation)和分类(classification)组件构成。通过广泛的离线学习,把高层次信息融入目标估计中。研究者训练目标估计组件,用于预测目标和估计出来的包围框之间的 overlap。通过精心地整合 target-specific information,ATOM 跟踪器达到了前所未有的包围框准确度,进一步介绍了一个分类组件,用于保证受到干扰时能有强大的分辨能力。与大型测试数据集相比,跟踪器 ATOM 达到了良好的跟踪性能。

目前,孪生网络学习框架仍受到严重限制。首先,孪生网络跟踪者仅在推断模型时利用目标外观,这完全忽略了背景外观信息(对于将目标与场景中的相似对象区分开来至关重要)。其次,所学习的相似性度量对于未包含在离线训练集中的对象不一定是可靠的,从而导致没有泛化能力。最后,大部分孪生网络不能更新模型,与其他最新跟踪方法相比,该局限性导致鲁棒性较差。

为了解决以上问题,Bhat 等[77]引入了一种以端到端的方式训练替代跟踪体系结构,该体系结构直接解决了所有上述限制。跟踪器 DiMP50 基于目标模型预测网络,该网络是通过应用迭代优化过程,从判别性学习损失中得出的,该体系结构可以进行有效的端到端训练,同时最大限度地提高预测模型的判别力,确保通过两个关键设计选择最少的优化步骤来实现这一目标。

基于深度学习的目标跟踪算法在近几年取得了优异的跟踪性能,特别是基于孪生网络的目标跟踪算法,实现了实时性和准确度之间的良好平衡。然而,随着网络模型的加深及额外子网络的增加,模型变得越来越复杂,导致几乎无法在边缘设备上实时部署,这仍是跟踪领域的主要挑战之一。其次,基于孪生网络的跟踪算法大多数采用互相关操作进行目标模板和搜索区域的匹配,这是一种线性匹配方式,没有充分利用到非线性的语义信息,如何充分利用非线性空间语义信息仍存在很大的改进空间。

Transformer[78]是一种当前流行的深度学习架构,用于自然语言处理和其他序列到序列(sequence-to-sequence)任务。它由 Google 在 2017 年提出,并用于机器翻译任务。Transformer 架构引入了自注意力机制(self-attention mechanism),允许模型在序列中的不同位置分配不同的注意力权重。这使得模型能够更好地捕捉序列中不同位置之间的依赖关系,而不需要像传统的循环神经网络或卷积神经网络那样使用固定的窗口或固定的层数。Transformer由编码器(encoder)和解码器(decoder)组成。编码器将输入序列转换为一组特征向量,解码器使用这些向量来生成输出序列。每个编码器和解码器都由多个堆叠的层组成,每个层都包含多头自注意力和前馈网络。多头自注意力可以让模型同时关注序列中的不同部分,而前馈网络则对每个位置的特征进行非线性变换。Transformer 架构的一大优势是可以通过并行计算来加速训练和推理,因为每个位置的特征都可以独立计算。因此,Transformer 已成为自然语言处理领域中最流行的深度学习架构之一,被广泛用于机器翻译、文本摘要、对话系统等任务。

Mayer 等[79]提出了一个基于 Transformer 模型预测模块的追踪架构。Transformers 以很少的归纳偏差捕获全局关系,使其能够学习更强大的目标模型的预测,进一步扩展这个模型预测器来估计第二组权重,并将这些权重用于准确的边界框回归。

受 Transformer 的启发,Chen 等[80]提出了一个基于注意力的特征融合网络,该网络有效地将模板和搜索区域特征仅通过注意力进行融合。

Transformer 最近在改进视觉跟踪算法方面显示出强大的潜力。Lin 等[81]提出了一种完全基于注意力的 Transformer 跟踪算法,SwinTrack 使用 Transformer 进行特征提取和特征融合,允许目标对象和搜索区域之间的完全交互以进行跟踪。由于现有的视觉跟踪器远未充分利用现有的时间上下文信息,Cao 等[82]提出了 TCTrack 跟踪器。TCTrack 跟踪器是一个综合型的框架,以充分利用时间上下文的无人机跟踪算法。时间上下文体现在特征的提取和相似性映射的细化。

1.4 数据集和性能度量指标

目前,常用的跟踪数据集主要有包含彩色视频序列和灰度视频序列的 OTB 数据集、用于目标跟踪竞赛评估的 VOT 数据集、包含航空视频序列和低空视频序列的 UAV 数据集、用于长时间跟踪的 LaSOT 数据集[83]、GOT - 10k 数据集[84]、TrackingNet 数据集[85],以及 DTB70[86]数据集等。下面将对以上数据集及相应评价指标进行简要的介绍。

1.4.1 OTB 数据集及评价指标

OTB 数据集包含 OTB2013[17]和 OTB2015[18]两个不同的版本。其中,OTB2013 数据集包含 50 个具有挑战性的视频序列;而 OTB2015 在 OTB2013 的基础上,增加了 50 个视频序列。该数据集中的视频序列主要包括局部遮挡、目标旋转、快速运动及光照变化等 11 种不同的挑战属性。OTB 数据集主要使用中心位置误差和成功率两个评价指标进行跟踪性能度量。

当使用中心位置误差[87]（center location error，CLE）进行性能度量时，在给定阈值距离的前提下，计算估计的目标中心位置 (x_1, y_1) 与标注的目标真实中心位置 (x_2, y_2) 之间的平均欧氏距离：

$$d_{CLE} = \sqrt{(x_1 - y_1)^2 + (x_2 - y_2)^2} \tag{1.1}$$

在得到 d_{CLE} 距离后，当 d_{CLE} 小于给定的阈值时，则算法在该图像帧上的跟踪结果为成功；当 d_{CLE} 大于给定的阈值时，则跟踪失败。通常，*OTB* 数据集将阈值设定为 20 像素，通过计算待评价算法在整个视频序列上跟踪目标成功帧数（即 d_{CLE} 小于给定的阈值的帧数）的百分比作为算法的精确度。

针对成功率评价指标，计算预测的目标区域 r_t 与人工标注的真实目标区域 r_a 之间的重叠率，称之为面积交并比（intersection over union，IoU）：

$$P_{IoU} = \frac{|r_t \cap r_a|}{|r_t \cup r_a|} \tag{1.2}$$

其中，$\cup$ 和 $\cap$ 分别表示两个区域的并集和交集。在给定阈值的前提下，P_{IoU} 大于给定阈值即跟踪成功，反之则失败。通过计算 P_{IoU} 大于给定阈值的帧数百分比，即跟踪算法在该阈值下的成功率，用 η 表示：

$$\eta = \frac{n_s}{n} \tag{1.3}$$

其中，n_s 表示在该视频序列跟踪成功的帧数，n 表示整个视频序列的帧数。在坐标轴上展示最终的成功率曲线时，横坐标表示不同的 P_{IoU} 阈值，纵坐标表示在不同阈值下的成功率，使用曲线与坐标轴相交围成的区域面积作为待评估算法的评价指标，称之为 area under curve[88]（AUC）。

1.4.2　VOT 数据集及评价指标

VOT 数据集最早出现在 2013 年，包含了 60 个不同的视频序列。与 OTB 数据集不同，VOT 数据集中都是彩色视频序列，不存在灰度视频序列。VOT 数据集每年都会进行视频序列的更新，但视频序列的总量维持在 60 个不变。VOT 数据集以准确性（accuracy）、鲁棒性（robustness）和平均重叠期望（expected average overlap，EAO）作为主要的算法评价指标。

不同于 OTB 数据集对评估跟踪算法的评价方式，VOT 数据集采用一种基于重置的方法，当跟踪算法预测的目标框与真实框无重叠时，则判断算法跟踪失败，并在连续五帧跟踪失败后对跟踪算法重新初始化。其中，VOT2013 数据集以Čehovin 等[89-90]的理论与实验分析为基础，在跟踪算法偏离目标时，重置跟踪算法，并选择了带有重置的平均重叠率和跟踪失败次数分别衡量算法的准确性和鲁棒性,并将其作为评估算法的主要评价指标。此外,VOT2013 提出了准确性 - 鲁棒性排序图(accuracy-robustness ranking Plots,AR-rank),使得不同算法在 VOT 数据集上可以进行性能对比。但是 AR - rank 不能显示跟踪算法的绝对性能。在后续的发展中,VOT2015 使用 Kristan 等[91]提出的 AR-raw 曲线图进行替代,该曲线图可以显示跟踪算法的绝对平均性能。此外,VOT2015 引入了一种新的测量方法,称为平均重叠期望。这种测量方法通过结合每帧精确度和失败率的原始值,测量在短期序列上跟踪算法的预期无重置重叠的期望值。

1.4.3 UAV123 数据集及评价指标

UAV123[92]是一个被广泛应用于目标跟踪的数据集,该数据集包括 123 个序列,所有视频序列都是在不同的场景下使用无人机拍摄的视频。这些场景包括道路场景、城市场景、郊区、田野、森林和海岸等室外场景,所拍摄的视频序列中包含丰富的光照变化、快速运动、局部遮挡等多种属性变化,使得该数据集具有很大的挑战性。

在 UAV123 数据集上,常用的评估指标包括成功率和精确度。成功率指标是通过计算目标跟踪算法在视频序列中成功跟踪目标的帧数比例来评估算法的性能。在 UAV123 数据集上,通常使用 Precision-Recall 曲线来计算成功率。Precision-Recall 曲线表示在不同成功率阈值下的精确度和召回率的变化情况。其中,精确度表示跟踪算法跟踪目标的正确性,召回率表示跟踪算法成功跟踪目标的能力。通过分析 Precision-Recall 曲线,可以评估跟踪算法的性能,并比较不同算法的表现。精确度指标是评估目标跟踪算法定位精确性的评价指标。在 UAV123 数据集上,常用的精确度指标是平均重叠率(average overlap ratio,AO)和平均中心误差(average center error,ACE)。平均重叠率是所有序列中的 P_{IoU} 平均值,而平均中心误差是所有序列中的中心误差平均值。这些指标评估跟踪算法的准确性和稳定性,并比较不同算法的性能差异。

综上所述,成功率指标和精确度指标是评估目标跟踪算法性能的两个重要指标,UAV123 数据集采用这两个评价指标进行跟踪算法性能的计算和评估,有利于研究中进行跟踪算法的性能对比和改进。

1.4.4 LaSOT 数据集及评价指标

LaSOT(large-scale single object tracking)[83]是一个用于目标跟踪性能测试的大规模数据集,该数据集中包含 1400 个视频图像序列,每个视频序列包含来自不同场景和视角的真实目标跟踪视频。该数据集中包括了多种具有挑战性的目标类别,如行人、动物、车辆、自行车等。在 LaSOT 数据集中,每个序列都提供了真实的边界框,用于进行跟踪算法的性能评估。该数据集还提供了不同类型的挑战性评估,包括遮挡、尺度变化、光照变化、形变、运动模糊等。这些评估方法帮助评估跟踪算法在现实场景中的适用性和鲁棒性。

在使用 LaSOT 数据集进行评估时,常用的评价指标包括:precision rate、success rate、normalized precision (n-precision)、normalized success (n - success)等。Precision rate 指标衡量跟踪器的边界框是否与真实框高度重叠。Success rate 指标衡量跟踪器的边界框是否完全包含在真实框中。Normalized precision 指标将 precision 进行归一化,使得在所有序列中,跟踪器最好的结果为 1,最差的结果为 0。Normalized success 指标将 success rate 进行归一化,使得在所有序列中,跟踪器最好的结果为 1,最差的结果为 0。通过使用这些评价指标,研究者可以评估跟踪算法在 LaSOT 数据集上的性能,并比较不同算法的表现。该数据集已被广泛应用于目标跟踪领域,并成为一个重要的基准数据集。

1.4.5　NFS 数据集及评价指标

NFS(NVIDIA focusing on speed)[93]是一个用于目标跟踪的数据集,由 NVIDIA 公司创建。该数据集主要用于评估跟踪算法在高速场景下的性能,包括汽车追逐、摩托车竞赛等。NFS 数据集包含 100 个视频序列,涵盖了高速行驶、快速运动和强烈振动等挑战性场景。视频分辨率为 720p 或 1080p,目标类别主要是车辆和行人。在 NFS 数据集中,每个视频序列都提供了真实的边界框和遮挡情况,用于评估跟踪算法的性能。此外,该数据集还包含了丰富的挑战性场景,如剧烈光照变化、运动模糊、背景杂乱、尺度变化、非刚性目标形变、局部遮挡等。为了方便研究者使用 NFS 数据集进行目标跟踪研究,NVIDIA 公司还提供了基于 Python 的工具包,包括数据加载、评估指标计算和结果可视化等。NFS 数据集已被广泛用于目标跟踪领域,并成为一个重要的基准数据集。它的挑战性场景和真实性使得评估结果更加可靠,有助于推动目标跟踪算法的发展和进步。NFS 数据集一般使用准确率和成功率评估跟踪器的跟踪性能。

1.4.6　GOT - 10k 数据集及评价指标

GOT - 10k[84]是一个以野外移动目标为主要跟踪对象的大型跟踪数据集。该数据集包含 1 万多个视频片段和 150 多万个人工标注的目标框,可用于训练和评估深度跟踪器。与其他数据集不同,GOT - 10k 引入了跟踪器评估的 one-shot 方法,GOT - 10k 数据集包括训练和测试数据集,其中训练类和测试类是零重叠的,避免了评价结果对熟悉对象的偏向。

GOT - 10k 数据集中包含 180 个测试数据集视频序列,具有一定的挑战性。该数据集的评估指标包括平均重叠率和成功率。平均重叠率(AO)是一种常用的评价指标,它测量跟踪器输出的边界框与真实边界框之间的重叠程度。同时,成功率(SR)是另一个重要的指标,用于评估跟踪器在不同重叠率阈值下的成功跟踪帧比例。这两个指标可以有效地评估跟踪器的精度和鲁棒性,并为跟踪器的进一步改进提供了指导。成功率计算包括重叠率超过 0.5 或 0.75 的成功跟踪帧数的比例,用于评估跟踪器在各种情况下的性能表现。此外,该数据集还提供了额外的标签,如运动类别和对象可见比,便于开发具有运动感知和遮挡感知能力的跟踪器。GOT-10k 数据集由于视频序列的数量多、挑战属性丰富等优点，被广泛应用于深度学习跟踪算法的性能评价上，成为评价跟踪算法性能的重要跟踪数据集。

1.4.7 DTB70 数据集及评价指标

DTB70[86]是一个具有挑战性的数据集，它涵盖了多种复杂场景和运动类型，例如高速运动、背景变化、剧烈光照变化和目标尺度变化、目标非刚性形变等。这些因素都会对跟踪器的性能产生影响，在 DTB70 数据集上进行跟踪算法的性能进行评估，可以很好地反映跟踪器在真实场景中的鲁棒性和可靠性。DTB70 数据集促进了针对无人机下的跟踪器的研究和应用。在无人机的应用中，使得无人机在复杂的环境中能够快速、准确地锁定目标，并保持持续地跟踪。这在无人机的安全控制、目标监测甚至无人机的自主导航等方面都具有重要意义。在 DTB70 数据集中，主要的评估指标包括平均重叠率和跟踪成功率。

1.5 目标跟踪网络模型

近年来，深度学习方法在计算机视觉领域被广泛应用，并取得了优异的性能。基于深度学习的目标跟踪算法受到了广泛关注，并取得了较好的跟踪准确性和实时性，有效地推动了目标跟踪技术的发展。本节从三个不同的方面讨论目前基于深度学习模型的目标跟踪技术研究动态[94]，主要包含网络模型结构、网络模型设计和网络模型训练。

1.5.1 网络模型结构

基于 CNN 的跟踪算法由于具有较强的目标表征能力而受到广泛关注，目前已经逐步取代低层手工提取目标特征的方法，基于 CNN 的跟踪算法中的外观模型在跟踪任务取得了鲁棒的跟踪性能。此外，与在线目标跟踪算法类似，基于 CNN 模型的目标跟踪可以分为生成式和判别式两种类型。基于 CNN 的生成式方法利用一种相似性度量函数，在给定的搜索区域内，通过匹配的方式与被跟踪目标最相似的目标区域。基于 CNN 的判别式方法利用 CNN 模型进行二进制分类，有效地从周围背景中将目标区分出来。

为了利用 CNN 模型和判别式相关滤波模型（discriminative correlation filter, DCF）的优势，在一些基于相关滤波算法中，将深度 CNN 模型集成到相关滤波器的框架中，进一步提高目标表示能力和跟踪速度。与传统的低层手工特征相比，卷积层可以获取目标特征中的深层语义信息。Xu 等[95]提出了一种基于判别相关滤波器的群体特征选择算法（group feature selection and discriminative correlation filter, GFS-DCF），该算法将 DCF 和深度特征相结合，显著提高了跟踪性能。Hong 等[96]使用 CNN 模型生成具有判别的显著性响应图，并将其与在线支持向量机相结合，从而学习出一个鲁棒的外观模型。

除了 CNN 以外,目前还有一些其他结构被应用在目标跟踪中,并取得了较好的跟踪精确性和鲁棒性,例如循环神经网络(recurrent neural Network, RNN)、生成对抗网络(generative adversarial networks, GAN)和其他基于自定义网络的目标跟踪器。

1.5.2　网络模型设计

目前,一些基于深度神经网络的跟踪器主要是设计高效的网络模型。目前典型的 CNN 模型主要有 AlexNet[97]、VGG[98]以及 ResNet[68]和孪生卷积神经网络[99]等。近年来,基于孪生网络的跟踪器受到了广泛的关注。目前的跟踪器一般采用孪生卷积神经网络结构,然后与检测到的目标候选样本进行相似度计算和模板匹配。一般来说,通过计算目标图像和候选目标之间的相似度,以在后续帧中找到相似度得分最高的区域。这项开创性的工作是 SiamFC[60]通过引入相关层来融合从孪生网络的两个分支提取的深度特征图,并计算目标位置的匹配分数。为了提高跟踪定位的准确性,Li 等[64]将 RPN[100]引入孪生网络中,提出了一种具有分类和回归的端到端学习跟踪器。为了充分利用 CNN 提取深度特征语义信息的能力,Zhang 等[71]采用了更深更广的 CNN 模型来增强跟踪的鲁棒性和准确性。Li[67]等提出了一种新的模型体系结构来进行分层和深度聚合被提取的深度特征信息,进一步提高了目标跟踪的准确性。目前,对于基于孪生卷积神经网络框架的改进受到了很大的关注,例如通过添加注意力机制[52]进行特征提取和特征融合、提出无锚架构[53]、设计新的模型更新机制[54]等。

1.5.3　网络模型训练

一般来说,为了更好地利用基于深度学习的跟踪器在提取目标深度特征信息上的能力,跟踪算法一般采用基于预训练网络模型迁移方式、基于在线微调方式和基于离线端到端方式。首先,考虑到训练样本数量有限以及 CNN 依赖大规模训练的能力,直接将 CNN 模型应用到目标跟踪中往往效果不大理想。因此,通常需要利用 ImageNet-Vid[101]等大规模数据集[84]对深度神经网络进行预训练。一些跟踪算法通常使用学习过的深度 CNN 模型,在文献[54]中,Ma 等将预训练的 VGG 网络当作 CNN 模型迁移到相关滤波器中,它可以被用于提取目标的浅层和深层特征。Chen 等[102]将跟踪问题视为一个并行分类和回归问题,并采用预先训练好的分类网络来解决由于遮挡导致的跟踪问题。在 MDNet[6]中构造了浅层的 CNN 架构。然后使用预训练过的 CNN 和一个新的二进制分类层相结合构建一个新的网络模型。并且,这个新的二进制分类层的参数通过在线微调的方式更新。但是,基于在线微调网络的跟踪算法难以实现实时性的问题。因此,在基于孪生网络的架构中采用离线端到端训练。在文献[66]中,Zhu 等提出了一种基于离线训练神经网络的跟踪器,实现了算法准确和长期实时跟踪性能。

一般来说,传统的目标跟踪主要组成部分是用于提取目标特征表示的外观模型、模型训练后的观测模型和在线更新学习模块。对于基于深度学习的目标跟踪来说,深度神经网络模型不仅可以提取目标特征,而且可以用来评估目标候选块的特征。从这个角度来看,基于深度学习的目标跟踪主要划分为基于特征提取网络模型和基于端到端网络模型两类[103]。基于特征提取网络是利用深度网络模型提取深度特征,然后采用传统方法学习外观模型并定位目标。基于端到端网络模型不仅利用深度网络模型进行特征提取,而且还利用深度网络模型进行候选目标候选块评估。此外,基于端到端网络模型方法的输出类型众多,常见的类型有候选目标块得分、置信度图和边界框等。

总之,基于深度学习的目标跟踪方法已经成为目标跟踪领域中的重要发展趋势,相较于传统的目标跟踪方法,基于深度学习的方法可以更好地处理复杂的背景、目标运动模糊、遮挡等问题,并且对于各种目标尺度变化和目标形状的跟踪都具有很好的适应性。通过利用深度神经网络模型来提取有效的特征,并评估目标候选块的特征,可以显著提高跟踪器的性能和鲁棒性。

参考文献

[1]Tang S, Andriluka M, Andres B, et al. Multiple people tracking by lifted multicut and person re-identification[C]. IEEE conference on computer vision and pattern recognition, 2017: 3539 -3548.

[2]Bonin-Font F, Ortiz A, Oliver G. Visual Navigation for Mobile Robots: A Survey[J]. Journal of Intelligent Robotic Systems, 2008, 53(3): 263 -296.

[3]Queiros S, Morais P, Barbosa D, et al. MITT: Medical Image Tracking Toolbox[J]. IEEE Transactions on Medical Imaging, 2018, 37(11): 1 -1.

[4]Marvasti-Zadeh S M, Cheng L, Ghanei-Yakhdan H, et al. Deep learning for visual tracking: A comprehensive survey [J]. IEEE Transactions on Intelligent Transportation Systems, 2021.

[5]刘艺, 李蒙蒙, 郑奇斌,等. 视频目标跟踪算法综述[J]. 计算机科学与探索, 2022, 16(7): 1504 -1515.

[6]Nam H, Han B. Learning multi-domain convolutional neural networks for visual tracking [C]. IEEE Conference on Computer Vision and Pattern Recognition, 2016: 4293 -4302.

[7]Vaswani A, Shazeer N, Parmar N, et al. Attention is all you need[J]. Advances in Neural Information Processing Systems, 2017, 30.

[8]Bahdanau D, Cho K, Bengio Y. Neural machine translation by jointly learning to align and translate[J]. ArXiv preprint arXiv:. 1409.0473, 2014.

[9]Chaudhari S, Mithal V, Polatkan G, et al. An attentive survey of attention models[J]. ACM Transactions on Intelligent Systems Technology, 2021, 12(5): 1 - 32.

[10]陈琳, 刘允刚. 面向无人机的视觉目标跟踪算法:综述与展望[J]. 信息与控制, 2022(1): 23 - 40.

[11]Javed S, Danelljan M, Khan F S, et al. Visual Object Tracking with Discriminative Filters and Siamese Networks: a Survey and Outlook[J]. arXiv preprint arXiv:. 02838, 2021.

[12]Vu A, Ramanandan A, Chen A, et al. Real-time computer vision/DGPS - aided inertial navigation system for lane-level vehicle navigation[J]. 2012, 13(2): 899 - 913.

[13]Liu L, Xing J, Ai H, et al. Hand posture recognition using finger geometric feature [C]. International Conference on Pattern Recognition, 2012: 565 - 568.

[14]Johnson J C, Gottlieb G L, Sullivan E, et al. Using DSM - III criteria to diagnose delirium in elderly general medical patients[J]. Journal of Gerontology, 1990, 45(3): M113 - M119.

[15]Bourdev L, Malik J. Poselets: Body part detectors trained using 3d human pose annotations[C]. 2009 IEEE 12th International Conference on Computer Vision, 2009: 1365 - 1372.

[16]艾峰. 城市智能交通系统的发展现状与趋势[J]. 智能城市, 2021, 7(20): 140 - 141.

[17]Wu Y, Lim J, Yang M - H. Online object tracking: a benchmark[C]. IEEE Conference on Computer Vision and Pattern Recognition, 2013: 2411 - 2418.

[18]Wu Y L J, Yang M H. Object Tracking Benchmark[J]. IEEE Transactions on Pattern Analysis Machine Intelligence, 2015, 37(9): 1834 - 1848.

[19]Liu M, Wu C, Zhang Y. Motion vehicle tracking based on multi-resolution optical flow and multi-scale Harris corner detection[C]. 2007 IEEE International Conference on Robotics and Biomimetics (ROBIO), 2007: 2032 - 2036.

[20]Wu Y, Li L, Xiao Z, et al. Optical flow motion tracking algorithm based on SIFT feature[J]. Computer Engineering Applications, 2013, 49(15): 157 - 161.

[21]Rodríguez-Canosa G R, Thomas S, Del Cerro J, et al. A real-time method to detect and track moving objects (DATMO) from unmanned aerial vehicles (UAVs) using a single camera[J]. Remote Sensing, 2012, 4(4): 1090 - 1111.

[22]Liu D, Liu W, Fei B, et al. A new method of anti-interference matching under foreground constraint for target tracking[J]. 2018, 44(6): 1138 - 1152.

[23]张博，龙慧，刘刚. 基于特征约束与光流场模型的多通道视频目标跟踪算法[J]. 液晶与显示,2021, 36(11)：1554－1564.

[24]Fukunaga K, Hostetler L D. The estimation of the gradient of a density function, with applications in pattern recognition[J]. IEEE transactions on information theory, 1975, 21(1)：32－40.

[25]Comaniciu D, Ramesh V, Meer P. Real-time tracking of non-rigid objects using mean shift[C]. IEEE Conference on Computer Vision and Pattern Recognition, 2000：142－149.

[26]Wang F, Yu S, Yang J J a－I J O E, et al. Robust and efficient fragments-based tracking using mean shift[J]. 2010, 64(7)：614－623.

[27]Collins R T. Mean－shift blob tracking through scale space[C]. 2003 IEEE Computer Society Conference on Computer Vision and Pattern Recognition, 2003. Proceedings., 2003：II－234.

[28]Yao A, Lin X, Wang G, et al. A compact association of particle filtering and kernel based object tracking[J]. 2012, 45(7)：2584－2597.

[29]Mei X, Ling H. Robust visual tracking using ℓ 1 minimization[C]. IEEE 12th International Conference on Computer Vision, 2009：1436－1443.

[30]Yang H, Shao L, Zheng F, et al. Recent advances and trends in visual tracking：A review[J]. 2011, 74(18)：3823－3831.

[31]Liu B, Huang J, Yang L, et al. Robust tracking using local sparse appearance model and k-selection[C]. CVPR 2011, 2011：1313－1320.

[32]Liu H, Sun F. Visual tracking using sparsity induced similarity[C]. 20th International Conference on Pattern Recognition, 2010：1702－1705.

[33]Collins R T, Liu Y, Leordeanu M J I T O P A, et al. Online selection of discriminative tracking features[J]. 2005, 27(10)：1631－1643.

[34]Zuo W, Wu X, Lin L, et al. Learning support correlation filters for visual tracking[J]. 2018, 41(5)：1158－1172.

[35]Grabner H, Grabner M, Bischof H. Real-time tracking via on-line boosting[C]. Bmvc, 2006：6.

[36]Wang M, Liu Y, Huang Z. Large margin object tracking with circulant feature maps[C]. IEEE Conference on Computer Vision and Pattern Recognition, 2017：4021－4029.

[37]Bolme D S, Beveridge J R, Draper B A, et al. Visual object tracking using adaptive correlation filters[C]. IEEE Computer Society Conference on Computer Vision and Pattern Recognition, 2010：2544－2550.

[38]Henriques J F, Caseiro R, Martins P, et al. Exploiting the circulant structure of tracking-by-detection with kernels[C]. European Conference on Computer Vision, 2012: 702 – 715.

[39]Danelljan M, Shahbaz Khan F, Felsberg M, et al. Adaptive color attributes for real-time visual tracking[C]. Proceedings of the IEEE conference on Computer Vision and Pattern Recognition, 2014: 1090 – 1097.

[40]Li Y, Zhu J. A scale adaptive kernel correlation filter tracker with feature integration [C]. European Conference on Computer Vision, 2014: 254 – 265.

[41]张微，康宝生. 相关滤波目标跟踪进展综述[J]. 中国图像图形学报，2017，22(8)：1017 – 1033.

[42]魏全禄，老松杨，白亮. 基于相关滤波器的视觉目标跟踪综述[J]. 计算机科学，2016，43(11)：1 – 5.

[43]Henriques J F, Caseiro R, Martins P, et al. High-speed tracking with kernelized correlation filters[J]. IEEE Transactions on Pattern Analysis Machine Intelligence, 2014, 37(3): 583 – 596.

[44]Bertinetto L, Valmadre J, Golodetz S, et al. Staple: complementary learners for real-time tracking[C]. IEEE Conference on Computer Vision and Pattern Recognition, 2016: 1401 – 1409.

[45]Danelljan M, Hager G, Shahbaz Khan F, et al. Learning spatially regularized correlation filters for visual tracking[C]. IEEE International Conference on Computer Vision, 2015: 4310 – 4318.

[46]Kiani Galoogahi H, Fagg A, Lucey S. Learning background – aware correlation filters for visual tracking[C]. IEEE International Conference on Computer Vision, 2017: 1135 – 1143.

[47]Li F, Tian C, Zuo W, et al. Learning spatial – temporal regularized correlation filters for visual tracking[C]. IEEE Conference on Computer Vision and Pattern Recognition, 2018: 4904 – 4913.

[48]Dai K, Wang D, Lu H, et al. Visual tracking via adaptive spatially-regularized correlation filters[C]. Proceedings of the IEEE/CVF Conference on Computer Vision and Pattern Recognition, 2019: 4670 – 4679.

[49]Li Y, Fu C, Ding F, et al. AutoTrack: Towards high-performance visual tracking for UAV with automatic spatio-temporal regularization[C]. IEEE Conference on Computer Vision and Pattern Recognition, 2020: 11923 – 11932.

[50] 李玺，查宇飞，张天柱，等. 深度学习的目标跟踪算法综述[J]. 中国图像图形学

报, 2019, 24(12): 2057 -2080.

[51]Wu Y, Lim J, Yang M H. Online object tracking: A benchmark[C]. IEEE Conference on Computer Vision and Pattern Recognition, 2013: 2411 -2418.

[52]Gündo ğdu E, Alatan A A. The Visual Object Tracking VOT2016 challenge results[J]. 2016.

[53]Kristan M, Leonardis A, Matas J, et al. The sixth visual object tracking vot2018 challenge results[C]. European Conference on Computer Vision Workshops, 2018: 0 -0.

[54]Ma C, Huang J B, Yang X, et al. Hierarchical convolutional features for visual tracking[C]. IEEE International Conference on Computer Vision, 2015: 3074 -3082.

[55]Qi Y, Zhang S, Qin L, et al. Hedged deep tracking[C]. IEEE Conference on Computer Vision and Pattern Recognition, 2016: 4303 -4311.

[56]Danelljan M, Robinson A, Khan F S, et al. Beyond correlation filters: learning continuous convolution operators for visual tracking[C]. European Conference on Computer Vision, 2016: 472 -488.

[57]Danelljan M, Bhat G, Shahbaz Khan F, et al. Eco: efficient convolution operators for tracking[C]. IEEE Conference on Computer Vision and Pattern Recognition, 2017: 6638 -6646.

[58]Bhat G, Johnander J, Danelljan M, et al. Unveiling the power of deep tracking[C]. European Conference on Computer Vision, 2018: 483 -498.

[59]Tao R, Gavves E, Smeulders A W M. Siamese instance search for tracking[C]. IEEE Conference on Computer Vision and Pattern Recognition, 2016: 1420 -1429.

[60]Bertinetto L, V almadre J, Henriques J F, et al. Fully-convolutional siamese networks for object tracking[C]. European Conference on Computer Vision, 2016: 850 -865.

[61]谭建豪, 殷旺, 刘力铭, 等. 引入全局上下文特征模块的 DenseNet 孪生网络目标跟踪[J]. 电子与信息学报, 2021, 43(1): 179 -186.

[62]Guo Q, Feng W, Zhou C, et al. Learning dynamic siamese network for visual object tracking[C]. IEEE International Conference on Computer Vision, 2017: 1763 -1771.

[63]Zhang Y, Wang L, Qi J, et al. Structured siamese network for real-time visual tracking [C]. European Conference on Computer Vision, 2018: 351 -366.

[64]Li B, Y an J, Wu W, et al. High performance visual tracking with siamese region proposal network[C]. IEEE Conference on Computer Vision and Pattern Recognition, 2018: 8971 -8980.

[65]Danelljan M, Häger G, Khan F S, et al. Discriminative scale space tracking[J].

IEEE transactions on pattern analysis and machine intelligence, 2016, 39(8): 1561 -1575.

[66]Zhu Z, Wang Q, Li B, et al. Distractor-aware siamese networks for visual object tracking[C]. European Conference on Computer Vision, 2018: 101 -117.

[67]Li B, Wu W, Wang Q, et al. Siamrpn + + : Evolution of siamese visual tracking with very deep networks[C]. IEEE Conference on Computer Vision and Pattern Recognition, 2019: 4282 -4291.

[68]He K, Zhang X, Ren S, et al. Deep residual learning for image recognition[C]. IEEE Conference on Computer Vision and Pattern Recognition, 2016: 770 -778.

[69]Szegedy C, Liu W, Jia Y, et al. Going deeper with convolutions[C]. IEEE Conference on Computer Vision and Pattern Recognition, 2015: 1 -9.

[70]Wang Q, Zhang L, Bertinetto L, et al. Fast online object tracking and segmentation: a unifying approach[C]. IEEE Conference on Computer Vision and Pattern Recognition, 2019: 1328 -1338.

[71]Zhang Z, Peng H. Deeper and wider siamese networks for real-time visual tracking [C]. IEEE Conference on Computer Vision and Pattern Recognition, 2019: 4591 -4600.

[72]Xu Y, Wang Z, Li Z, et al. Siamfc + + : Towards robust and accurate visual tracking with target estimation guidelines[C]. AAAI Conference on Artificial Intelligence, 2020, 34(7): 12549 -12556.

[73]Yu Y, Xiong Y, Huang W, et al. Deformable Siamese attention networks for visual object tracking[C]. IEEE Conference on Computer Vision and Pattern Recognition, 2020: 6728 -6737.

[74]Chen Z, Zhong B, Li G, et al. Siamese box adaptive network for visual tracking[C]. IEEE Conference on Computer Vision and Pattern Recognition, 2020: 6668 -6677.

[75]Zhang Z, Peng H. Ocean: Object-aware anchor-free tracking[C]. European Conference on Computer Vision, 2020: 771 -787.

[76] Danelljan M, Bhat G, Khan F S, et al. Atom: accurate tracking by overlap maximization[C]. IEEE Conference on Computer Vision and Pattern Recognition, 2019: 4660 -4669.

[77] Bhat G, Danelljan M, Al E. Learning discriminative model prediction for tracking [C]. IEEE International Conference on Computer Vision, 2019: 6182 -6191.

[78] Han K, Wang Y, Chen H, et al. A survey on visual transformer[J]. ArXiv preprint arXiv:2012.12556, 2020, 2(4).

[79] Mayer C, Danelljan M, Bhat G, et al. Transforming model prediction for tracking [C]. IEEE Conference on Computer Vision and Pattern Recognition, 2022: 8731 -8740.

[80] Chen X, Yan B, Zhu J, et al. Transformer tracking[C]. IEEE Conference on Computer Vision and Pattern Recognition, 2021: 8126 – 8135.

[81] Lin L, Fan H, Xu Y, et al. Swintrack: a simple and strong baseline for transformer tracking[J]. ArXiv preprint arXiv:2112.00995, 2021.

[82] Cao Z, Huang Z, Pan L, TCTrack: Temporal contexts for aerial tracking[C]. IEEE Conference on Computer Vision and Pattern Recognition, 14798 – 14808.

[83] Fan H, Lin L, Yang F, et al. Lasot: a high-quality benchmark for large-scale single object tracking[C]. IEEE Conference on Computer Vision and Pattern Recognition, 2019: 5374 – 5383.

[84] Huang L, Zhao X, Huang K. Got – 10k: a large high-diversity benchmark for generic object tracking in the wild[J]. IEEE Transactions on Pattern Analysis and Machine Intelligence, 2019, 43(5): 1562 – 1577.

[85] Muller M, Bibi A, Giancola S, et al. Trackingnet: a large-scale dataset and benchmark for object tracking in the wild[C]. Proceedings of the European Conference on Computer Vision (ECCV), 2018: 300 – 317.

[86] Li S, Yeung D Y. Visual object tracking for unmanned aerial vehicles: a benchmark and new motion models[C]. AAAI Conference on Artificial Intelligence, 2017.

[87] Babenko B, Yang M H, Belongie S. Robust object tracking with online multiple instance learning[J]. IEEE Transactions on Pattern Analysis Machine Intelligence, 2010, 33(8): 1619 – 1632.

[88] Ling C X, Huang J, Zhang H. AUC: a statistically consistent and more discriminating measure than accuracy[C]. International Joint Conferences on Artificial Intelligence, 2003: 519 – 524.

[89] Čehovin L, Leonardis A, Kristan M. Visual object tracking performance measures revisited[J]. IEEE Transactions on Image Processing, 2016, 25(3): 1261 – 1274.

[90] Čehovin L, Kristan M, Leonardis A. Is my new tracker really better than yours? [C]. IEEE Winter Conference on Applications of Computer Vision, 2014: 540 – 547.

[91] Kristan M, Matas J, Leonardis A, et al. A novel performance evaluation methodology for single-target trackers[J]. IEEE Transactions on Pattern Analysis Machine Intelligence, 2016, 38(11): 2137 – 2155.

[92] Mueller M, Smith N, Ghanem B. A benchmark and simulator for uav tracking[C]. European Conference on Computer Vision, 2016: 445 – 461.

[93] Kiani Galoogahi H, Fagg A, Huang C, et al. Need for speed: a benchmark for higher

frame rate object tracking[C]. IEEE International Conference on Computer Vision, 2017: 1125 -1134.

[94] Marvasti-Zadeh S M, Cheng L, Ghanei-Yakhdan H, et al. Deep learning for visual tracking: A comprehensive survey[J]. IEEE Transactions on Intelligent Transportation Systems, 2021: 1-26.

[95] Xu T, Feng Z H, Wu X J, et al. Joint group feature selection and discriminative filter learning for robust visual object tracking[C]. IEEE International Conference on Computer Vision, 2019: 7950-7960.

[96] Hong S, You T, Kwak S, et al. Online tracking by learning discriminative saliency map with convolutional neural network[C]. International Conference on Machine Learning, 2015: 597-606.

[97] Krizhevsky A, Sutskever I, Hinton G. Imagenet classification with deep convolutional neural networks[J]. Advances in neural information processing systems, 2012, 25: 1097-1105.

[98] Simonyan K, Zisserman A. Very deep convolutional networks for large-scale image recognition[J]. ArXiv preprint arXiv:. 1409. 1556, 2014.

[99] Koch G, Zemel R, Salakhutdinov R. Siamese neural networks for one-shot image recognition[C]. ICML Deep Learning Workshop, 2015.

[100] Ren S, He K, Girshick R, et al. Faster r-cnn: towards real-time object detection with region proposal networks[J]. Advances in neural information processing systems, 2015, 28: 91-99.

[101] Jia D, Wei D, Socher R, et al. ImageNet: a large-scale hierarchical image database [J]. IEEE Computer Vision Pattern Recognition, 2009: 248-255.

[102] Chen K, Tao W. Once for all: a two-flow convolutional neural network for visual tracking[J]. IEEE Transactions on Circuits Systems for Video Technology, 2017, 28(12): 3377-3386.

[103] Li P, Wang D, Wang L, et al. Deep visual tracking: review and experimental comparison[J]. Pattern recognition, 2018, 76: 323-338.

第2章　基于卷积神经网络和字典对学习的目标跟踪

2.1　概述

目标跟踪是计算机视觉中的一个重要研究主题,并在智能视频分析、人机交互等领域中成功应用。通常是在视频序列的第一帧中给定感兴趣的目标,跟踪器将在后续帧中对目标的位置和状态进行预测和定位。目前,基于卷积神经网络的跟踪算法受到了广泛关注,主要是卷积神经网络具有强大的特征提取与表征能力,进而获得更加鲁棒的目标表示等。卷积神经网络的性能主要依赖于基于大规模训练集的学习,从而获得鲁棒的目标特征表示。在基于卷积神经网络的目标跟踪中,通常是使用大规模训练集对跟踪器进行学习训练,将经过训练的卷积神经网络进行目标表观的特征提取和表示。基于深度学习的视频跟踪可以与传统算法相结合,代替传统低层手工提取特征的方式,并能够实现权重共享以及减少训练参数。

目标跟踪中的一个重要方面是进行目标的有效表示。最近,字典学习技术被成功应用在人脸识别、图像分类和目标跟踪等领域[1]。字典学习方法是从一组学习样本中学习一组字典原子,并以此为基础对目标图像块进行表示。现有的字典学习方法一般使用低层手工提取的特征进行学习和训练,如 Haar-like 特征、灰度值、直方图等特征进行字典学习。字典学习用于处理数据集样本中的冗余信息等有很好的处理效果,非常有效[2],字典学习可以学习数据集样本中的判别信息。

针对目标跟踪中的特征提取和表示等难点问题,解决现有跟踪算法中部分视频跟踪的外观模型、鲁棒性与准确率均不是很理想,且无法很好地处理运动模糊、光照变化以及尺度变化等外观变化所带来的影响等问题,本章提出一种基于卷积神经网络与字典对学习的目标跟踪方法。在粒子滤波框架下,提出一种联合卷积神经网络模型和字典对学习的外观模型,使用一个轻量级的卷积神经网络模型进行特征提取,同时在线学习一个字典对进行目标表示。首先,基于大规模数据集进行特征提取网络模型的训练;训练完成后,保留和固定每个网络层的参数值。CNN 模型可以取代传统的低层手工特征功能,离线训练可以节省跟踪训练时间并提高跟踪的性能。其次,在视频跟踪中,先采样第一帧的目标图像若干样本去调整全连接层的相关参数。使用训练后的卷积神经网络模型对选择的一组训练样本进行特征提取,使用这组样本进行字典对的学习和训练。字典对包括一个合成字典和一个分析字典,合成字典用来进行目标候选块的编码和重建,分析字典计算目标候选块的编码系数。最后,结合合成字典和分析字典进行目标候选块的近似表示。

为了避免目标漂移以及有效处理复杂的表观变化,在线进行卷积神经网络模型全连接层微调,并在跟踪过程的每一帧中进行字典对的更新学习。与其他基于卷积神经网络模型跟踪算法不同,本章中提出的跟踪算法采用离线训练和在线微调的方式,整个卷积神经网络模型包括三个卷积层和两个全连接层结构[3]。本章的跟踪算法在 OTB100[4] 数据集取得了较好的跟踪性能。

2.2　基于卷积神经网络和字典对学习的网络结构

本章提出基于卷积神经网络模型和字典对学习的目标跟踪算法。首先设计基于卷积神经网络和字典对学习的网络结构。利用在 ImageNet-Vid[5] 上预训练轻量级 CNN 模型进行特征提取,并输入字典对学习模块中。如图 2.1 所示,CNN 模型中的网络的共享层包括三个卷积层和两个全连接层。接着,从 ImageNet-Vid 中随机选取 500 个视频进行模型的训练,每次迭代中训练前三个卷积层参数和基于随机初始化的两个全连接层参数,字典对学习模块置于第二个全连接层之后。

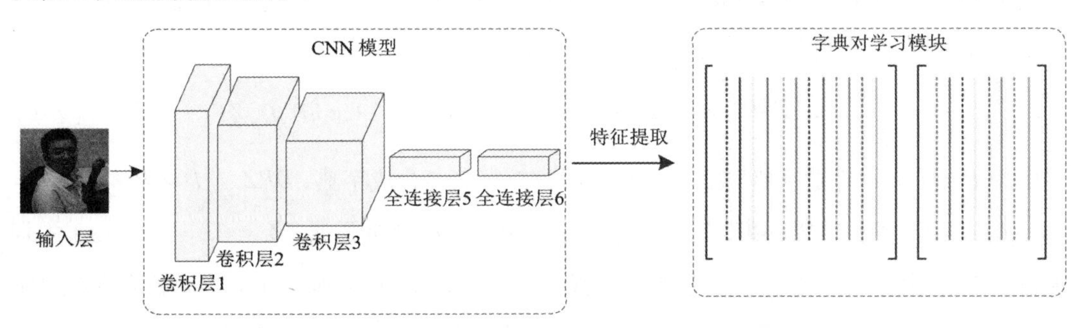

图 2.1　基于卷积神经网络和字典对学习的网络结构

在跟踪过程中,在视频序列的第一帧,先使用一组大小为 107 × 107 的正样本和负样本调整全连接层的参数。在对 CNN 模型进行训练和微调后,将通过 CNN 模型获得训练样本的深层特征。在第一帧中,选择一组训练样本并提取相应的深层特征来学习字典对。此外,利用学习字典中原子的线性组合来近似表示目标候选块。

为了更好地处理跟踪过程中各种复杂的目标表观变化,采用在线更新方法对 CNN 模型和字典对进行更新。然而,对 CNN 模型和字典对进行频繁的更新可能会造成误差积累,尤其是在发生严重遮挡、剧烈光照变化等情况时,易于导致漂移和跟踪失败。为了有效地处理上述问题,CNN 模型采用了短期和长期交替更新方法。在获得当前目标跟踪结果后,收集一组训练样本,重新学习具有深度特征的字典对,并在获得当前帧的跟踪结果后,紧接着进行字典对的更新,并使用字典中原子的线性组合近似地表示目标候选块。

在跟踪过程中,当选定初始目标图像被获取后,使用该目标图像作为正候选样本进行目标回归框的训练。为了获取更加准确的被跟踪的目标框,我们使用第三层卷积特征进行目标位置的预测。在后续帧的跟踪中,将根据计算得到的正候选目标的得分值进行目标位置的调整。如果被估计的正候选样本的得分值超过0.5,将使用该回归框模型去搜索一个更准确的目标位置。

2.3 字典对学习和目标估计

2.3.1 基于卷积神经网络的字典对学习

在基于卷积神经网络的字典对学习中,首先在视频序列的第一帧中的目标位置一定的邻域内选取一组训练样本,这些训练样本大小与给定目标具有相同的尺度大小。接着,使用经过训练 CNN 模型提取训练样本的深度特征。

本章中提出的跟踪算法主要是利用一组训练样本学习一个联合字典对,包含一个合成字典 D 和一个分析字典 P,合成字典 D 的编码系数通过对分析字典 P 进行线性投影得到。P 和 D 的字典对学习过程可以表示为:

$$\langle P,D\rangle = \arg\min_{P,D}\{\|Z - DPZ\|_F^2\} + \varphi\{P,D,Z\} \tag{2.1}$$

其中,$\langle P,D\rangle$ 表示经过字典对学习后获取的分析字典与合成字典,$DPZ = D \times P \times Z$,$D = [d_1,d_2,\cdots,d_i]$ 表示合成字典,$P = [P_1,P_2,\cdots,P_j]$ 表示分析字典,$Z = [z_1,z_2,\cdots,z_t]$ 为训练样本集合,其中,$i,j,t \in \mathbb{R}$ 分别表示合成字典中元素个数、分析字典元素个数和训练样本个数。$\varphi\{P,D,Z\}$ 表示分析字典、合成字典以及训练样本之间的约束条件,用于利用分析字典 P 通过线性投影生成编码系数,$\|\cdot\|_F^2$ 为 Frobenius 范数。

在许多分类任务中,进行字典学习的训练样本类别包含多种对象类别。在本章的目标跟踪算法中,训练样本只包含一类对象,即被跟踪目标。在本算法中,将使用空间距离机制生成训练样本,也就是选择第一帧中被跟踪目标位置周围的小邻域中的图像块作为训练样本。通过 CNN 模型提取得到这些训练样本的深层特征。

在字典对学习过程中,不同的训练样本起着不同的重要性,而且离目标中心位置越近的样本的重要性越大。因此,在字典对学习过程中,引入对角重要性权重矩阵来表示不同训练样本的不同重要性。这样,具有较高权重的训练样本对于字典对将具有较低的重构残差,整个字典对学习框架表示为:

$$J_{\{P,D,\alpha\}} = \arg\min_{P,D,\alpha}\{\|(Z-D\alpha)\boldsymbol{W}\|_F^2+\beta\|(PZ-\alpha)W\|_F^2+\gamma\|D\|_F^2\} \tag{2.2}$$

其中,$J_{\{P,D,\alpha\}}$表示学习后获得的字典对模型,β,γ 均为平衡因子,$\|D\|_F^2$为额外约束项,$\alpha \approx PZ$ 是一个学习后的合成字典 D 的编码系数,$\boldsymbol{W}$ 为在字典对学习过程中引入的对角重要性权重矩阵。

通过范数矩阵对合成字典以及分析字典进行随机矩阵初始化,然后对初始字典对模型进行学习,采用迭代更新的方式进行更新优化计算,分别得到优化后的合成字典、分析字典和编码系数等。

固定合成字典 D、分析字典 P 以及训练样本 Z,以对编码系数 α 进行更新,对应的表达式为:

$$J_{\{\alpha\}} = \arg\min\{\|(Z-D\alpha)\boldsymbol{W}\|_F^2+\beta\|(PZ-\alpha)\boldsymbol{W}\|_F^2\} \tag{2.3}$$

当编码系数 α 更新后,固定编码系数 α、合成字典 D 以及训练样本 Z,以对分析字典 P 进行更新,对应的表达式为:

$$J_{\{P\}} = \arg\min_P\{\beta\|(PZ-\alpha)\boldsymbol{W}\|_F^2\} \tag{2.4}$$

当分析字典 P 更新后,固定编码系数 α、分析字典 P 以及训练样本 Z,以对合成字典 D 进行更新,对应的表达式为:

$$J_{\{D\}} = \arg\min_D\{\|(Z-D\alpha)\boldsymbol{W}\|_F^2+\gamma\|D\|_F^2\} \tag{2.5}$$

综上所述,$J_{\{\alpha\}}$是合成字典 D 的编码系数最小优化值,$J_{\{P\}}$是分析字典的最小优化值,$J_{\{D\}}$是合成字典的最小优化值。

2.3.2 观察概率估计与目标定位

在本章提出的跟踪算法中,利用学习后获得的字典原子的线性组合表示目标候选块。通常情况下,候选目标块观测似然是由候选目标块与相应目标模型之间的重建误差进行计算。候选目标块对应的观测概率表示为:

$$P(y \mid z) = \eta\exp(-\delta d(y,D\alpha)) \tag{2.6}$$

其中，$P(y \mid z)$ 为候选目标块对应的观测概率，y 为预测量，z 为状态量，η 为归一化因子，δ 为正数，$d(y, D\alpha)$ 为候选目标块在合成字典 D 上的重构误差。其中，重构误差的表达式为：

$$d(y, D\alpha) = (y - D\alpha)^{T}(y - D\alpha) \tag{2.7}$$

此外，需要强调的是 $P(y \mid z)$ 在公式(2.6)中为一般表述方式。当具体应用在跟踪场景中时，在观测概率 $P(y_t \mid x_t^i)$ 的表述中，y_t 和 x_t 是分别表示在时间 t 中的预测量和状态量，$P(y \mid z)$ 到 $P(y_t \mid x_t^i)$ 是从通用到具体的推演。并且公式(2.6)中的 y 和 z 表示的是向量。观测概率的作用是为了选出最大概率估计的候选目标样本，从而去定位第 t 帧预测到的目标图像的位置，以达到跟踪的目的。

算法 1：基于卷积神经网络和字典对学习的视频跟踪算法

输入：视频帧 $F_1, \cdots, F_L$，目标状态 x_1 在 F_1 中。一组训练样本 $Z = [z_1, z_2, \cdots, z_t]$，对角重要性权重矩阵 $\boldsymbol{W}$，训练过的 CNN 模型参数

输出：目标状态系列 $\hat{x}_t$，$t = 1, \cdots, L$

1. 初始化：
    1) $t = 1$，在 F_1 中选择初始目标状态 x_1
    2) 训练一个边界框回归模型
    3) 利用第一帧中选择的正负样本调节全连接层参数
    4) 通过基于空间距离机制生成 m 个粒子样本 $\{x_t^i\}_{i=1}^m$
    5) 利用 CNN 模型，学习字典对 D_1 和 P_1
2. for $t = 2$ to L do
3. 　根据 $P(x_t \mid x_{t-1})$ 画出 m 个粒子样本 $\{x_t^i\}_{i=1}^m$
4. 　利用 CNN 模型提取粒子样本 $\{x_t^i\}_{i=1}^m$ 特征 $\{y_t^i\}_{i=1}^m$
5. 　for 每个粒子样本 x_t^i do
6. 　　利用公式(2.7)和 Z 计算 D_{t-1} 和 $P(y_t^i \mid x_t^i)$
7. 　　利用公式(2.8)更新 w_t^i
8. 　end
9. 　利用公式(2.9)评估目标状态 $\hat{x}_t$
10. 　利用公式(2.2)至公式(2.5)优化 D_t、P_t 和 $\boldsymbol{W}$
11. 　通过 $P(x_t \mid x_{t-1})$ 重采样粒子样本
12. 　更新 CNN 模型使用短期和长期更新方法
13. 　Return $\hat{x}_t$
14. end

粒子滤波是一种顺序重要抽样方法[6]，它代表了从后验概率中提取的随机状态粒子的分布。粒子滤波通过在状态空间中找到一组随机样本近似地表示概率密度函数。此外，粒子滤波利用样本的均值而不是积分运算来获得最小方差估计。这些样本通常被称为“粒子”。$P(y_t \mid x_t^i)$ 是由一组带有重要权重 $\{w_t^i\}_{i=1}^m$ 的目标候选粒子 $\{x_t^i\}_{i=1}^m$ 近似表示。为了适

应复杂的表观变量，本章利用被观测的概率来更新粒子 x_t^i 的重要权重 w_t^i ，如下所示。

$$w_t^i = w_{t-1}^i P(y_t \mid x_t^i) \tag{2.8}$$

其中，y_t 和 x_t 分别表示在时间 t 中的预测值和状态值。此外，更新后的候选目标图像样本的权重与 $P(y_t \mid x_t^i)$ 成正比。在 t 时的状态 x_t 被计算的表达式如下所示。

$$\hat{x} = \sum_{i=1}^{m} w_t^i x_t^i \tag{2.9}$$

通过整合网络结构、基于 CNN 模型、字典对学习和目标定位，提出了一种新的基于卷积神经网络和字典对学习的视频跟踪方法，具体步骤如算法 1 所示。首先，利用一组正负样本来调整第一帧中全连接层的参数。然后，通过利用基于空间距离的机制生成一组训练样本，并通过 CNN 模型提取目标相应的深度特征。最后，通过这些训练样本学习字典对。在后续的视频跟踪中，在获得当前跟踪结果后，将当前跟踪结果加入训练样本集中，重新进行字典对的学习。

2.4　实验结果与分析

2.4.1　实验设置

本章将 VGG-M 网络迁移到卷积层，并初始化两个全连接层的参数。每次从 ImageNet-Vid 中随机选择的 500 个视频对 CNN 模型进行训练，并使用该训练好的 CNN 模型提取训练样本的深层特征。字典对学习模块连接在两个全连接层之后。在粒子滤波跟踪框架中，首先利用正负样本调整第一帧中全连接层的参数。基于训练后的 CNN 模型提取目标候选样本的特征。此外，在线字典学习可以学习视频跟踪中复杂的外观变化。然后，利用学习过的字典对目标候选的特征进行编码，并用于视频跟踪。在本章中，全连接层 4 - 5 的学习速率设置为 3×10^{-4} ，动量梯度下降系数为 0.9，权重衰减系数为 5×10^{-4} ，并且选择 50 个正样本和 200 个负样本来更新模型。CNN 求解器采用随机梯度下降（stochastic gradient descent, SGD）。在实验中发现，当字典大小在 10 到 20 之间时，距离准确率逐渐增加。但是，当字典大小为 25 时，上升趋势逐渐变得平缓。因此，字典大小较大时会降低跟踪速度和性能。为了平衡跟踪速度和性能，本章最终将字典大小设置为 30。其中，λ 和 γ 分别设置为 0.01 和 0.001。

2.4.2　评估度量

本章提出的算法在 OTB2015 基准集上进行评估实验。其中，OTB2015 包括 100 个视频序列。通常，实验利用一次性评估（one pass evaluation, OPE）下的距离精度（distance precision, DP)和重叠成功率(overlap success, OS)来评估所有跟踪算法。DP 是指在给定阈值范围内预测目标位置与地面真实位置之间的距离。所有跟踪算法根据其精度得分在 20 像素阈值下进行排序。精度图通常用来表示给定阈值下的 DP。OS 是指包围框的重叠成功率。它的阈值范围是 0 到 1,而成功的帧数表示重叠大于给定的阈值的帧数。利用重叠成功率曲线下面积(area under curve, AUC)对所有跟踪算法进行排序。

2.4.3 实验结果分析

(1)定量分析。本章提出的算法与 TRASFUST[7]、UDT[8]、Siamfc－3s[9]、LMCF[10]、Staple[11]、ACFN[12]等算法在 OTB2015 进行比较。从图 2.2 可以看出本章提出的跟踪算法 Ours,也就是 CNN 模型被训练在 ImageNet-Vid 上,它相比 Ours-no-Vid 在精度上显著提高了 7.0%,在成功率上显著提高了 8.7%。Ours-no-Vid 表示用于特征提取的 CNN 模型是迁移后的 VGG-M 网络,并没有经过训练。此外,与目前先进的 TRASFUST 跟踪算法相比,Ours 在 DP 和 OS 上的跟踪结果排名第二,Ours 和 TRASFUST 之间的性能差距要小得多。据我们所知,这是第一次将 CNN 模型和字典学习结合起来应用于视频跟踪中进行目标表示。最后,实验结果表明,结合 CNN 模型和字典学习的跟踪算法能显著提高视频跟踪的准确性和鲁棒性。

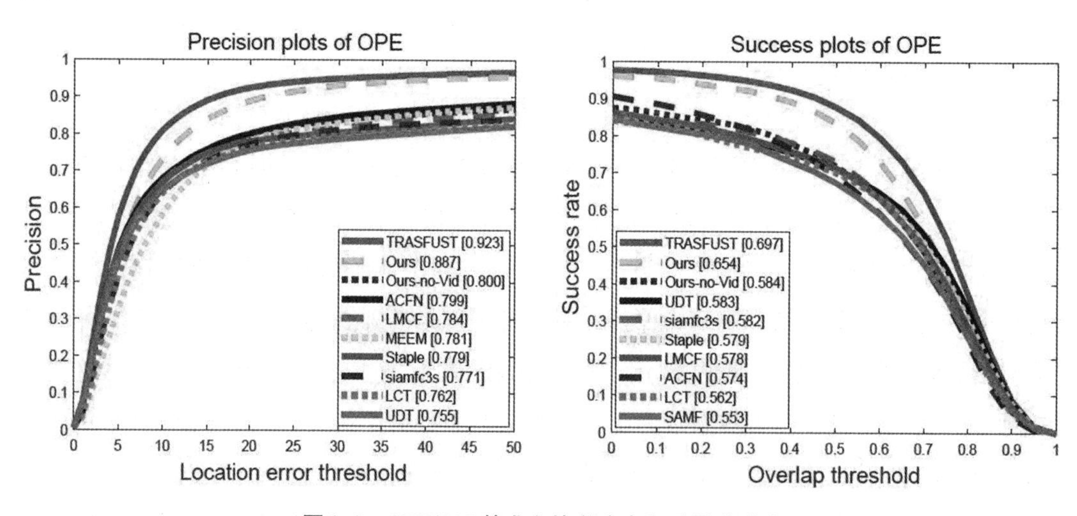

图 2.2　OTB2015 基准上的准确率和重叠成功率

(2)实验结果分析。在图 2.3 中,本章展示了 10 个视频序列上对比先进跟踪算法的实验结果。接下来,将详细分析在一些挑战性因素上算法的跟踪性能。

①运动模糊。如图 2.3 所示,Car1、Ironman、Jumping、Soccer、Tiger2 和 Woman 中的目标由于被跟踪目标或摄像机的快速运动而产生了运动模糊。在 Jumping 序列中,运动模糊导致物体的外观几乎无法区分,这使得一些跟踪算法,例如 Staple,它在第 40 帧之前都无法跟踪目标。目标的快速移动会导致模糊。大多数跟踪算法在第 40 帧后都无法跟踪目标。

ACFN 在第 40 帧没有成功跟踪目标，但在第 126，185，260 帧再次成功跟踪目标。相较而言，本章提出的算法可以成功进行目标跟踪，其主要原因是算法使用 CNN 模型来提取特征，并使用字典对学习进一步区分前景和背景。此外，本章使用有效的短期和长期在线更新机制。

②光照变化。在图 2.3 中，Car1、Ironman、Shaking、Soccer、Tiger2 和 Woman5 中的目标由于被跟踪目标或摄像机的运动而发生光照变化。在 Shaking 序列中，舞台灯光在第 64，145 帧时发生了戏剧性的变化。由于剧烈的照明变化和不可预测的运动，目标的外观变化很大。SAMF[3] 和 KCF 无法跟踪目标（如第 64 帧）。而本章提出的算法可以准确地定位目标，即使在第 295 帧有很大范围的变化。对于 Car1 序列，车辆在行驶过程中会受到树影的影响，这可能会导致光照变化。MEEM[4]、LCT[5] 和 ACFN 分别在第 222，614，835 帧未能成功跟踪。

③快速运动。如图 2.3 所示，Car1、Ironman、Jumping、Soccer、Tiger2、Toy 和 Woman 中的目标由于被跟踪目标或摄像机的运动而进行快速运动。在视频跟踪中，对突然移动的目标进行定位和正确更新外观模型也是一个很大的挑战。在 Ironman 序列中，目标不仅会突然移动，而且会受到光照变化、尺度变化和旋转的影响。UDT、ACFN、LCT、MEEM 和 Staple 从一开始就不能正确跟踪目标（如第 25 帧）。Siamfc－3 和本章提出的算法可以继续跟踪目标。但是，Siamfc－3s 在第 151 帧未能跟踪目标。本章提出的算法可以成功完成跟踪，并获得更好的跟踪性能。在 Soccer 序列中，Siamfc－3s、SAMF 和 LCT 均未能跟踪目标，它们分别在第 75，178，240 帧后漂移到背景。相比之下，LMCF 和本章提出的算法可以实现更精确的跟踪结果。

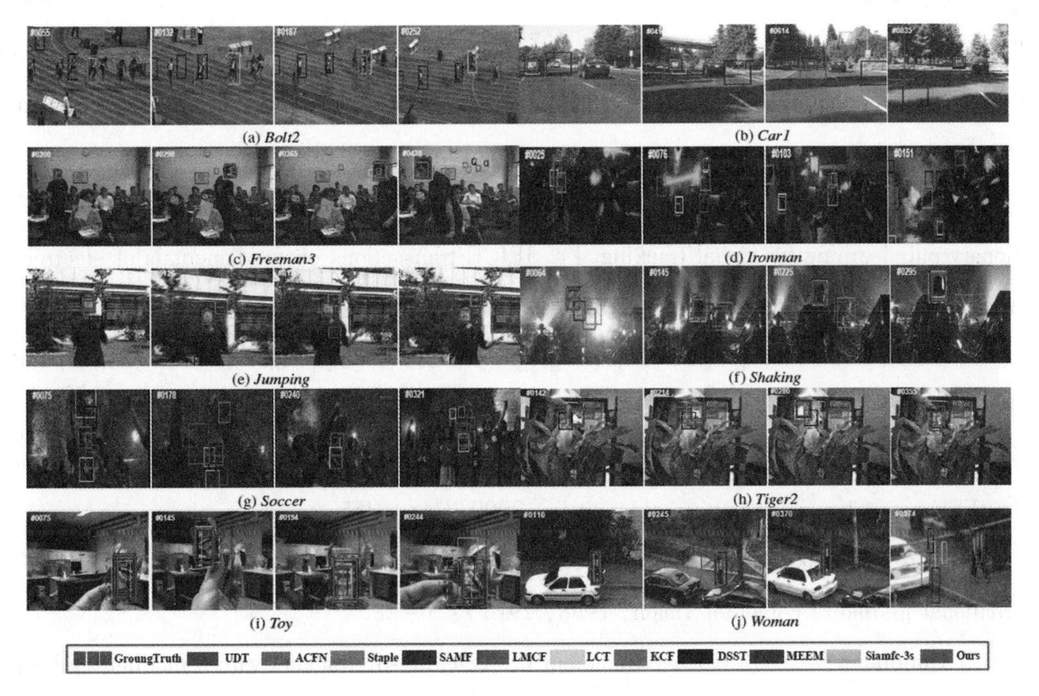

图 2.3　基于 10 个视频序列上不同跟踪算法的结果分析

2.5 本章小结

本章提出了一种新的基于 CNN 模型和联合字典对学习的跟踪算法。CNN 模型包括三个卷积层和两个全连接层。全连接层通过一组正负样本进行微调,采用 CNN 模型提取深度卷积特征。第二个全连接层之后是联合字典对学习,字典对包括一个合成字典和一个分析字典。字典对学习在第一帧初始化,并在随后的跟踪中更新。字典学习可以学习跟踪过程中的目标外观变化。目标候选块由学习的合成字典和由线性投影在分析字典上生成的编码系数近似表示。与目前最先进的跟踪算法相比,本章提出的算法在 OTB2015 基准集上取得了优异的跟踪性能。

参考文献

[1] Jiang Z, Lin Z, Davis L S. Label consistent K-SVD: Learning a discriminative dictionary for recognition[J]. IEEE transactions on pattern analysis machine intelligence, 2013, 35 (11): 2651 - 2664.

[2] Wang K, Lin L, Zuo W, et al. Dictionary pair classifier driven convolutional neural networks for object detection[C]. IEEE Conference on Computer Vision and Pattern Recognition, 2016: 2138 - 2146.

[3] Chenchen Meng, Jun Wang, Chengzhi Deng et al. Convolutional neural networks based dictionary pair learning for visual tracking[J]. IEICE transactions on fundamentals of electronics communications and computer sciences,2022 (8):1147 - 1156.

[4] Wu Y, Lim J, Yang M H. Object tracking benchmark[J]. IEEE transactions on pattern analysis machine intelligence, 2015, 37(9): 1834 - 1848.

[5] Jia D, Wei D, Socher R, et al. ImageNet: a large-scale hierarchical image database [J]. IEEE computer vision pattern recognition, 2009: 248 - 255.

[6] Isard M, Blake A. Condensation-conditional density propagation for visual tracking[J]. International journal of computer vision, 1998, 29(1): 5 - 28.

[7] Dunnhofer M, Martinel N, Micheloni C. Tracking-by-trackers with a distilled and reinforced model[C]. Asian Conference on Computer Vision, 2020: 631 - 650.

[8] Wang N, Song Y, Ma C, et al. Unsupervised deep tracking[C]. IEEE Conference on Computer Vision and Pattern Recognition, 2019: 1308 – 1317.

[9] Bertinetto L, Valmadre J, Henriques J F, et al. Fully-convolutional siamese networks for object tracking[C]. European Conference on Computer Vision, 2016: 850 – 865.

[10] Wang M, Liu Y, Huang Z. Large margin object tracking with circulant feature maps [C]. IEEE Conference on Computer Vision and Pattern Recognition, 2017: 4021 – 4029.

[11] Bertinetto L, Valmadre J, Golodetz S, et al. Staple: complementary learners for real-time tracking[C]. IEEE Conference on Computer Vision and Pattern Recognition, 2016: 1401 – 1409.

[12] Choi J, Jin C H, Yun S, et al. Attentional correlation filter network for adaptive visual tracking[C]. IEEE Conference on Computer Vision and Pattern Recognition, 2017: 4807 – 4816.

[13] Li Y Zhu J, A scale adaptive kernel correlation filter tracker with feature integration [C]. European Conference on Computer Vision, 2014:254 – 265.

[14] Zhang J, Ma S, Sclaroff S. MEEM: robust tracking via multiple experts using entropy minimization[C]. European Conference on Computer Vision, 2014: 188 – 203.

[15] Ma C,Yang X,Zhang C, et al Long-term correlation tracking[C]. IEEE Conference on Computer Vision and Pattern Recognition,2015:5388 – 5396.

第3章　基于注意力模块的目标跟踪

3.1　概述

最近,基于孪生网络的跟踪算法受到了广泛的关注,该类跟踪算法通过使用孪生网络结构实现目标候选样本的模板匹配[1]。然而,一些基于匹配的跟踪算法未采用在线更新策略,因此,基于匹配的跟踪算法在目标出现显著变化、遇到相似目标时,容易受到干扰。为此,在文献[2]中,区域建议网络(region proposal network, RPN)被引入孪生网络中,将目标跟踪问题转化到基于RPN的局部检测框架中进行跟踪。Fan等[3]提出了一种多级级联区域提议网络(cascaded region proposal network, C-RPN),该网络是由孪生网络中高层到低层级联的一系列RPN组成。

许多研究者研究网络的三个重要因素(即深度、宽度和基数)来提高CNN的性能。通过上述方法,可以增强基于CNN的跟踪器的特征提取能力,获得更丰富的高层语义信息。但是,仅考虑上述因素,由于计算成本高、训练误差大以及过拟合等原因,这类算法有一定局限性。因此,许多研究者将注意力机制融入网络结构中。卷积运算通常是CNN的一个关键组成部分,它可以通过局部卷积核提取信道和空间的信息特征。一般来说,增强CNN的表征能力可以进一步提高跟踪器的性能。基于孪生网络结构框架,提出了一种联合注意力模块的骨干网络模型来聚合各种感受域的特征信息,以提高目标跟踪性能[4-5]。

3.2　基于注意力模块的骨干网络结构

在本节中,首先介绍了SiamFC和SiamRPN两种基础孪生网络框架。然后,将进一步分析本章中设计的骨干网络结构和注意力模块。最后,主要讨论该注意力模块的设计和功能等。

3.2.1 基础孪生网络框架

基于孪生网络框架提出一种结合注意力模块的骨干网络,如图3.1所示。本章提出了基于通道和空间注意力模块的CNN模型的框架,并被用于获取目标图像的上下文信息和语义特征。此外,采用两种基础跟踪算法框架进行对比实验(即SiamFC和SiamRPN),验证融合设计的骨干网络模型的有效性。

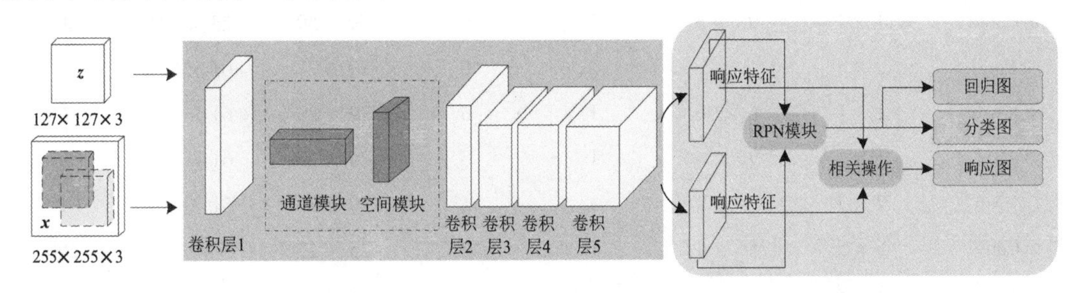

图3.1 基于注意力模块的骨干网络结构

在一个完全卷积的孪生网络,可以通过平移交换得到。为了给出更精确的定义,在本章中假设τ是输入输出信号中有效区域的转换值。并考虑平移不变性原理,因此需要满足公式(3.1)在有效输入输出信号区域内任意平移值τ,

$$h(\mathrm{L}_{k\tau}x) = \mathrm{L}_{\tau}h(x) \tag{3.1}$$

其中,x表示输入的目标图像,$h(\cdot)$表示输入输出信号的映射函数,k表示步幅,τ是输入输出信号中有效区域的转换值,$\mathrm{L}_{k\tau}$与L_{τ}均表示平移运算符。

一般来说,通常利用卷积函数和互相关层进行组合生成特征图,如公式(3.2)所示。因此,本章中使用两个输入图像进行互相关,从而生成一个输出响应图,表示两个输入图像之间的相似度得分:

$$f(z,x) = \varphi(z) * \varphi(x) + b\Pi \tag{3.2}$$

其中,$\varphi(\cdot)$表示卷积嵌入函数,z,x表示两个输入的目标图像,$\varphi(z)$与$\varphi(x)$表示两个输入的目标图像通过孪生网络框架后的输出特性,$b\Pi$表示值$b \in \mathbb{R}$的偏差,$\mathbb{R}$表示实数集,$f(z,x)$计算两个输入的目标图像之间的相似度得分。同理,在基于RPN框架结构中,可以将两个输入图像的响应特征直接传递到RPN模块,这将生成相应特征的响应图,用于实现基于RPN的分类和边界框回归,从而更准确地定位目标。

3.2.2 融合注意力的骨干网络

本节将描述本章中提出的骨干网络模型的架构,如表3.1所示。其中,总通道数表示输出通道数乘以输入通道数。利用两种注意力模块在骨干网络模型上进行融合。注意力模块包括通道注意力模块和空间注意力模块。在第一层卷积和池化之后，引入了一个顺序通道模块和空间模块。其中，空间注意力模块的感受野采用 7 × 7 卷积核，并采用填充的方式，它的大小设置为 1。第一层卷积、池化以及第二层池化的步长设置为 2。

表 3.1　基于注意力模块的骨干网络模型参数

网络层	卷积核	总通道数	步长	填充	模板图像	搜索图像	单通道数
					127 × 127	255 × 255	3
Conv1	11 × 11	96 × 3	2	0	59 × 59	123 × 123	96
Pool1	3 × 3		2	0	29 × 29	61 × 61	96
Oca. fc1	1 × 1	6 × 96	1	0	29 × 29	61 × 61	6
Oca. fc2	1 × 1	96 × 6	1	0	29 × 29	61 × 61	96
Osp	7 × 7	1 × 2	1	1	29 × 29	61 × 61	1
Conv2	5 × 5	256 × 48	1	0	25 × 25	57 × 57	256
Pool2	3 × 3		2	0	12 × 12	28 × 28	256
Conv3	3 × 3	384 × 256	1	0	10 × 10	26 × 26	192
Conv4	3 × 3	384 × 192	1	0	8 × 8	24 × 24	192
Conv5	3 × 3	256 × 192	1	0	6 × 6	22 × 22	128

3.2.3　通道模块

本章提取输入目标图像的相关特征时，特征图的每个通道代表一个特殊的检测器。因此，需要采取措施使通道注意力集中在对输入目标图像有用的特征上。为了聚合更多的空间特征信息，使用最大池和全局平均池来处理不同的信息。一个输入目标图像特征 Z 的大小为 $H \times W \times C$ ，因此，本章使用最大池化和全局平均池化分别得到两个大小为 $1 \times 1 \times C$ 的通道特征描述。然后，将它们输入两层神经网络(multilayer perceptron, MLP)。第一层的神经元数量是 C/r ，激活函数为 $\mathrm{Re}LU$ 。第二层的神经元数量是 C 。此外，这两层的神经网络参数是共享的。在对元素求和以输出特征向量之后，通过 Sigmoid 激活函数获得第一权重系数 O_{ca} 。最后，将第一权重系数与输入的目标图像 Z 相乘，以得到第一加权新特征 F_{ca} 。其中，第一权重系数和第一加权新特征分别表示为公式(3.3)和公式(3.4)所示。

$$O_{ca}(Z) = \sigma(W_1 R_0((F_{\mathrm{avg}}(Z))) + W_1 R_0((F_{\max}(Z)))) \tag{3.3}$$

$$F_{\mathrm{ca}} = O_{ca}(Z) \otimes Z \tag{3.4}$$

其中，Z 表示输入的目标图像，$F_{\max}(\cdot)$ 为最大池化函数，W_1 表示共享多层感知机网络的权重，R_0 表示 $\mathrm{Re}LU$ 函数，$F_{\mathrm{avg}}(\cdot)$ 为全局平均池化函数，σ 表示 Sigmoid 激活函数，$O_{ca}(Z)$ 为第一权重系数，$\otimes$ 表示元数级的乘法，F_{ca} 表示第一加权新特征。

3.2.4 空间模块

在通道注意力模块之后，引入空间注意力来关注输入目标图像中有意义的特征。类似于通道注意模块，给出了一个大小为 $H \times W \times C$ 的输入目标特征 Z'。因此，利用一个通道维度的最大池化和平均池化，得到两个大小为 $H \times W \times 1$ 通道描述，它们按照标准卷积层拼接在一起。然后，通过 7×7 卷积层和 Sigmoid 激活函数获得第二权重系数 $O_{sp}(Z')$。最后，将权重系数 $O_{sp}(Z')$ 与输入的目标图像 Z' 相乘，以得到第二加权新特征 F_{sp}。第二权重系数和第二加权新特征分别表示如公式(3.5)和公式(3.6)所示，

$$O_{sp}(Z') = \sigma(f^{7\times7}([F_{avg}(Z');F_{max}(Z')])) \tag{3.5}$$

$$F_{sp} = O_{sp}(Z') \otimes Z' \tag{3.6}$$

其中，$O_{sp}(Z')$ 为所述第二权重系数，$f^{7\times7}$ 表示卷积核的感受域为 7×7，Z' 同样表示第一加权新特征，σ 表示 Sigmoid 激活函数，F_{sp} 为所述第二加权新特征。

3.3 实验结果

在本节中列出了具体的实验设置，包括训练阶段参数设置和性能评估指标等。此外，本章中提出的跟踪算法在 OTB2015[6]、VOT2016[7]、VOT2018[8]、GOT－10k[9]和 UAV123[10]五个大规模数据集上进行大量实验结果的评估，并与目前流行的跟踪算法进行性能对比。实验环境是在 Intel Xecon E5－2600 CPU (2.00 GHz)、32 GB RAM 和 NVIDIA Quadro P4000 GPU 的 PC 机上进行运行，使用的开发环境为 PyCharm 2019。

3.3.1 训练阶段

本章中设计的骨干网络是在大规模数据集 GOT－10k 上以端到端方式进行训练，采用 SGD 方法进行骨干网络的优化。每次迭代的学习率从初始学习率逐步下降到最终学习率，初始学习率和最终学习率分别设置为 0.01 和 0.00001。所提出的跟踪算法总共训练 50 个周期，权重衰减为 0.0005，批量大小设置为 32。在通道注意力中，隐藏激活大小的缩减率为 16。在空间模块中，卷积操作的一个感受野被设置为 7 × 7 大小。

3.3.2 评估标准

OTB2015 数据集使用准确率和成功率两个指标进行跟踪算法的性能评价，即 DP 和 OS。以下实验中将本章提出的算法与最新跟踪算法相比，主要包括 SiamFC、SaimRPN、CFNet[11]、Staple、LMCF、MEEM、SiamBAN 和 SA_Siam[12]等算法。

VOT2016 和 VOT2018 数据集包含 60 个视频序列，它们均包含不同的挑战因素。VOT

基准中的评价指标主要有三个，即跟踪精度(A)、鲁棒性(R)和期望平均重叠(EAO)。本章中提出的算法在 VOT2016 基准集上与 SiamFC、SiamRPN、DAT[13]、HCF[14]、DSST[15]、SAMF 等跟踪算法进行比较。此外，还将与 SiamFC、SiamRPN、DSiam[16]、MEEM 和 Staple 等算法在 VOT2018 基准集上进行实验对比。

在 GOT-10k 基准中，将使用平均重叠(AO)和成功率(SR)作为评价指标进行实验性能对比。这里，AO 表示目标位置真实值与估计边界框重叠的平均值。同样地，SR 是重叠超过阈值(包括 0.5 和 0.75)的成功率。将本章提出的跟踪算法与一些最先进的算法进行比较，包括 SiamFC、BACF[17]、ECO[18]和 MDNet 等。

UAV123 包含 123 个视频序列，视频序列的平均序列长度为 915 帧。与 OTB2015 一样，UAV123 基准上页采用 DP 和 OS 两个评价指标进行实验性能对比，对比算法主要包括 SiamFC、SiamRPN、AutoTrack[19]、STRCF[20]和 DPSiam[21]等。

3.3.3 实验结果分析

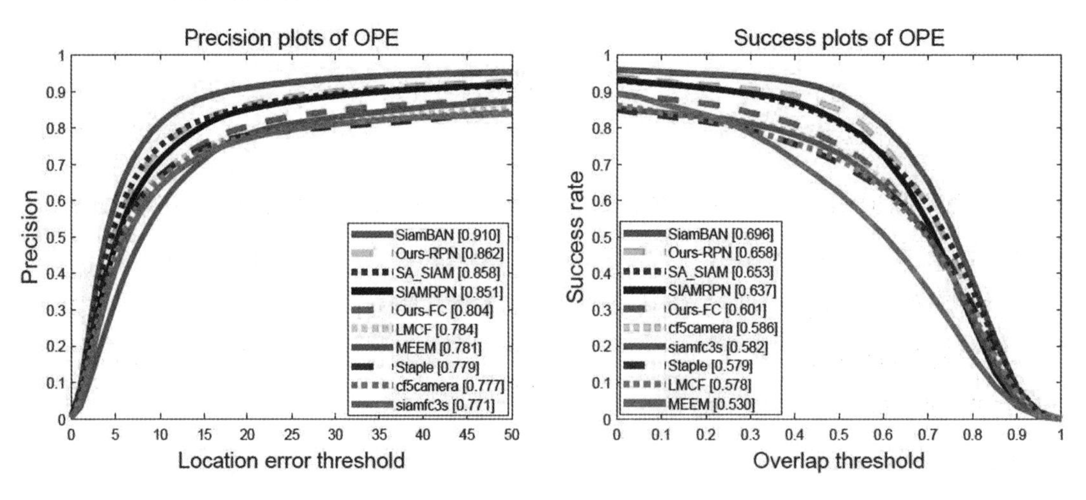

图 3.2 OTB2015 准确率和重叠成功率

(1)OTB2015 基准。如图 3.2 所示，与两种基础跟踪算法(即 SiamFC 和 SiamRPN)相比，本章提出的具有注意力模块的跟踪算法(即 Ours-FC 和 Ours-RPN)在 DP 和 OS 上获得了更好的跟踪性能，并达到了实时运行速度，分别为 74.5 帧/秒和 180.9 帧/秒。此外，本章提出的算法海域 SiamBAN、SA_Siam 和 SiamRPN 等进行了性能对比，以验证提出的跟踪算法的有效性。实验结果表明，所提出的跟踪算法在成功率和准确率方面都取得了较好的跟踪效果。而排名较前的 SaimBAN 在六个大型数据集上进行端到端的离线训练。然而，由于受到计算机资源的限制，本章提出的跟踪算法仅在 GOT-10k 上进行训练。利用更大规模的数据集来训练骨干网络一般会提高跟踪性能。因此，本章提出的跟踪算法与最先进的跟踪算法相比，依然具有很好的竞争力。

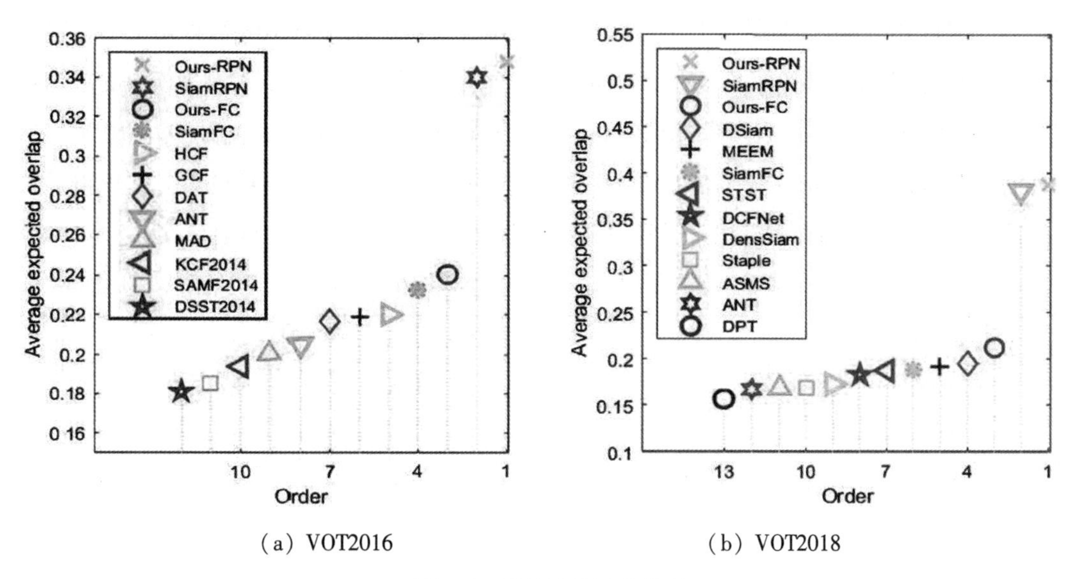

（a）VOT2016　　（b）VOT2018

图 3.3　期望平均重叠排名

表 3.2　VOT2016 上不同跟踪算法的结果比较

跟踪算法	EAO	A	R
SiamFC	0.2325	0.5285	0.462
SiamRPN	0.3441	0.5610	0.261
ANT	0.2044	0.4833	0.515
DAT	0.2166	0.4687	0.482
GCF	0.2186	0.5236	0.487
KCF	0.1935	0.4936	0.571
DSST	0.1805	0.5318	0.707
HCF	0.2198	0.4492	0.398
SAMF	0.1851	0.5063	0.590
MAD	0.2001	0.4947	0.506
Ours - FC	0.2402	0.5456	0.454
Ours - RPN	0.3479	0.6138	0.2856

（2）VOT2016 基准。在图 3.3（a）和表 3.2 中，展示了在 VOT2016 数据集上的实验结果。与两个基础跟踪算法（即 SiamFC 和 SiamRPN）相比，本章提出的带有注意力模块的视频跟踪（如 Ours-RPN）在实时速度（165 帧/秒）下的 EAO 评分为 0.3479。为了进行详细的性能分析，将 Ours-RPN 与最先进的跟踪算法进行了比较。实验结果表明，Ours-RPN 在 A（0.614）和 EAO（0.348）得分中排名第一。此外，Ours-RPN 的 R（0.286）结果也排在第二位，实验结果证明了本章提出的带有注意力模块的骨干网络的有效性。

(3)VOT2018 基准。在图 3.3(b)和表 3.3 中,本章展示了在 VOT2018 数据集上的实验结果。与两个基础跟踪算法(即 SiamFC 和 SiamRPN)相比,本章提出的带有注意力模块的跟踪算法(如 Ours-RPN)获得了令人印象深刻的 0.388 的 EAO 评分。实验结果表明,Ours-RPN 与最先进的跟踪算法相比,Ours-RPN 在 EAO (0.388)、R (0.239)和 A (0.584)的得分上取得了较好的性能。本章提出的跟踪算法可以实现更好的性能,并同时以 176 帧/秒运行。

表 3.3　VOT2018 上不同跟踪算法的结果比较

跟踪算法	EAO	A	R
SiamFC	0.1883	0.4926	0.642
DSiam	0.1952	0.5094	0.646
MEEM	0.1922	0.4623	0.534
STST	0.1872	0.4648	0.618
SiamRPN	0.384	0.586	0.276
DensSiam	0.1733	0.4608	0.688
Staple	0.1688	0.5277	0.688
ASMS	0.1683	0.4910	0.623
ANT	0.1675	0.4621	0.632
DPT	0.1572	0.4854	0.721
Ours – FC	0.2124	0.4992	0.524
Ours – RPN	0.388	0.5841	0.2388

(4)GOT – 10k 基准。对于目标类泛化测试,在 GOT – 10k 基准上训练和测试本章提出的骨干网络模型的有效性。提出的跟踪算法在 GOT – 10k 基准上训练之后,先在测试集上去评估提出的跟踪算法(即 Ours-FC 和 Ours-RPN)。GOT – 10k 不仅作为一个大规模数据集(训练集中 1 万个视频,验证集和测试集中 180 个视频),它还在通用视频跟踪的类别不可知要求方面提出了挑战,因为训练和测试之间没有类交集。遵循 GOT – 10k 协议,只在训练集上训练本章提出的跟踪算法。在表 3.4 中,实验结果的 AO 值分别为 34.5 和 42.3。Ours-RPN 的 SR 分数是 50.4 ($SR_{0.5}$)和 17.0 ($SR_{0.75}$),这是对现有跟踪算法的比较好的改进。实验结果表明,即使在训练阶段看不到目标类别,本章中提出的跟踪算法也可以适用于一般的跟踪任务。

表 3.4　GOT – 10k 上不同跟踪算法的比较结果

	SiamFC	ECO	MDNet	BACF	Ours – FC	Ours – RPN
AO	34.8	31.6	29.9	26.0	34.5	42.3
$SR_{0.5}$	35.3	30.9	26.2	38.1	38.1	50.4
$SR_{0.75}$	9.8	11.1	10.1	10.8	10.8	17.0

(5)UAV123 基准。UAV123 的所有序列都使用了垂直边界框进行了完整注释。数据集中的目标对象受到遮挡、快速运动、光照和纵横比变化的影响,这对跟踪算法提出了较大的挑战。UAV123 用于评估本章提出的跟踪算法是否适合部署在真实世界的无人机(UAV)中。注意,本章提出的跟踪算法是在单个 GPU 上测试的。如表 3.5 所示,与基础跟踪算法 SiamRPN 相比,Ours-RPN 的 DP 和 OS 值分别为 0.766 和 0.565。本章提出的跟踪算法在成功率上排名第一,准确率上的提升不太明显。可以看出,虽然可以增强目标特征提取能力,减少计算成本、训练模型参数等,但对于处理低分辨率、快速运动、小目标的空中无人机跟踪场景下效果不明显。针对这个问题,本书将在第 4 章进一步研究解决。但是,本章实验结果表明,本章提出的跟踪算法依然具有较好的跟踪性能,并具有较好的应用前景。注意,本章指出带有 * 意味着可以到达基于 CPU 的实时跟踪算法。

表 3.5　UAV123 上不同跟踪算法的比较结果

跟踪算法	Precision	Success
SiamFC	0.725	0.494
SiamRPN	0.768	0.557
DPSiam	0.777	0.519
AutoTrack *	0.689	0.472
STRCF *	0.681	0.481
Ours - FC	0.721	0.505
Ours - RPN	0.766	0.565

3.4　消融实验

在本节中,通过消融实验分析选择 CNN 模型与通道空间模块的最终组合方式。研究和分析过程分为两部分。首先利用 GOT - 10k 数据集去重新训练基础跟踪算法(即 SiamFC)。然后考虑如何最好地结合通道和空间注意模块来确定它们在骨干网络中的位置。下面将进一步解释实验的相关细节。

原始基础跟踪算法(即 SiamFC)是在 ImageNet 数据集上进行训练。为了使数据集的视频图像在视觉跟踪问题上更加有效,对视频图像进行了一些裁剪操作。但是,在本章中,仅使用 GOT - 10k 数据集去训练本章提出的跟踪算法(如 Ours-FC),不使用数据集裁剪方法来处理视频图像。

在实验中,通过通道和空间注意力模块验证了所提出的骨干网络的有效性。考虑到两个注意力模块的不同功能,不同的排列组合可能会影响整个算法的性能。从空间的角度来看,通道注意力模块更多地应用于全局方面,而空间注意力模块更侧重于局部方面。因此,本章结合这两个注意力模块来构建一个三维的注意力图。在确定了两个注意力模块的组合后,还探索了两个注意力模块在骨干网络中的位置,这是为了实现更好的注意力跟踪性能。

如表 3.6 所示,它展示出在 OTB2015 上的整个消融研究结果。Ours-FC 的实验结果优于基础跟踪算法(即 SiamFC)。此外,使用顺序通道空间的组合获得了更好的跟踪性能。采用大小为 7 的卷积核作为空间注意力模块的感受野。通道注意力模块的缩减率设置为 16。最后,在 OTB2015、VOT2016、VOT2018、GOT－10k 和 UAV123 数据集上进行的大量实验评估结果表明,所提出的算法与一些先进的跟踪算法相比,具有出色的性能。

表 3.6　OTB2015 上的消融研究

Backbone	ImageNet	GOT－10k	精确率	成功率	FPS
AlexNet(baseline)	√	×	0.771	0.582	86
AlexNet	×	√	0.775	0.585	92.6
AlexNet + channel	×	×	0.786	0.585	76.4
AlexNet + channel + spatial(conv1,k = 7)	×	×	0.804	0.601	74.5
AlexNet + spatial + channel(conv1,k = 7)	×	×	0.767	0.571	73
AlexNet + channel + spatial(conv3,k = 7)	×	×	0.766	0.568	75.4
AlexNet + channel + spatial(conv1,k = 3)	×	×	0.760	0.562	70.5

3.5　本章小结

本章在孪生网络框架中,提出了一种基于 CNN 模型和注意力模块的骨干网络模型。CNN 模型包括五个卷积层,没有全连接层。利用 GOT-10k 基准集在骨干网络中训练新设计的具有注意力模块的 CNN 模型。注意力模块由通道和空间模块组成,它们能很好地区分目标和复杂的背景信息。在 OTB2015、VOT2016、VOT2018、GOT－10k 和 UAV123 基准上进行了广泛的实验评估,并验证了所设计的骨干网络的有效性。因此,实验结果表明,本章提出的算法具有较好的跟踪性能,满足实时性要求,并具有较好的应用前景。

参考文献

[1] Bertinetto L, Valmadre J, Henriques J F, et al. Fully-convolutional siamese networks

for object tracking[J]. European Conference on Computer Vision, 2016: 850 – 865.

[2] Li B, Yan J, Wu W, et al. High performance visual tracking with siamese region proposal network[C]. IEEE Conference on Computer Vision and Pattern Recognition, 2018: 8971 – 8980.

[3] Fan H, Ling H. Siamese cascaded region proposal networks for real-time visual tracking [C]. IEEE Conference on Computer Vision and Pattern Recognition, 2019: 7952 – 7961.

[4] Jun Wang, Chenchen Meng, Chengzhi Deng, et al. Learning attention models for visual tracking[J]. Signal, image and video processing, 2022,16(8):2149 – 2156.

[5] Woo S, Park J, Lee J Y, et al. Cbam: convolutional block attention module[C]. Proceedings of the European Conference on Computer Vision, 2018:3 – 19 .

[6] Wu Y, Lim J, Yang M H. Object tracking benchmark[J]. IEEE transactions on pattern analysis machine intelligence, 2015, 37(9): 1834 – 1848.

[7] Battistone F, Santopietro V, Petrosino A. The visual object tracking VOT2016 challenge results[C]. IEEE European Conference on Computer Vision, 2016.

[8] Kristan M, Leonardis A, Matas J, et al. The sixth visual object tracking vot2018 challenge results[C]. European Conference on Computer Vision, 2018.

[9] Huang L, Zhao X, Huang K. Got – 10k: a large high-diversity benchmark for generic object tracking in the wild[J]. IEEE Transactions on Pattern Analysis Machine Intelligence, 2019,43(5): 1562 – 1577.

[10] Mueller M, Smith N, Ghanem B. A benchmark and simulator for uav tracking[C]. European Conference on Computer Vision, 2016: 445 – 461.

[11] Valmadre J, Bertinetto L, Henriques J, et al. End-to-end representation learning for correlation filter based tracking[C]. IEEE Conference on Computer Vision and Pattern Recognition, 2017: 2805 – 2813.

[12] He A, Luo C, Tian X, et al. A twofold siamese network for real-time object tracking [C]. IEEE Conference on Computer Vision and Pattern Recognition, 2018: 4834 – 4843.

[13] Yu Y, Xiong Y, Huang W, et al. Deformable siamese attention networks for visual object tracking[C]. IEEE Conference on Computer Vision and Pattern Recognition, 2020: 6728 – 6737.

[14] Possegger H, Mauthner T, Bischof H. Defense of color-based model-free tracking[C]. Proceedings of the IEEE Conference on Computer Vision and Pattern Recognition,2015:2113 – 2120.

[15] Ma C, Huang J B, Yang X, et al. Hierarchical convolutional features for visual tracking. IEEE International Conference on Computer Vision, 2016.

[16] Danelljan M, Häger G, Khan F S, et al. Accurate scale estimation for robust visual tracking[C]. British Machine Vision Conference, 2014.

[17] Kiani Galoogahi H, Fagg A, Lucey S. Learning background - aware correlation filters for visual tracking[C]. IEEE International Conference on Computer Vision, 2017: 1135 - 1143.

[18] Danelljan M, Bhat G, Shahbaz Khan F, et al. Eco: efficient convolution operators for tracking[C]. IEEE Conference on Computer Vision and Pattern Recognition, 2017: 6638 - 6646.

[19] Li Y, Fu C, Ding F, et al. AutoTrack: towards high-performance visual tracking for UAV with automatic spatio-temporal regularization[C]. IEEE Conference on Computer Vision and Pattern Recognition, 2020: 11923 - 11932.

[20] Li F, Tian C, Zuo W, et al. Learning spatial-temporal regularized correlation filters for visual tracking[C]. IEEE Conference on Computer Vision and Pattern Recognition, 2018: 4904 - 4913.

[21] Abdelpakey M H, Shehata M S. DP-siam: dynamic policy siamese network for robust object tracking[J]. IEEE Transactions on Image Processing, 2019, 29: 1479 - 1492.

第4章　基于卷积自注意力的无人机目标跟踪

4.1　概述

目标跟踪算法被广泛应用在计算机视觉的诸多领域,在无人机视频跟踪中取得了很好的跟踪效果,如航空拍照等。然而,在基于无人机视频跟踪中,主要的挑战因素包括纵横比变化、视图之外、规模变化等。目前,基于卷积神经网络跟踪算法在计算机视觉任务中具有显著的表征能力。典型的卷积神经网络模型包括 AlexNet[1]、VGG[2]和 ResNet[3]。大多数卷积神经网络模型是叠加多个卷积算子(即 3 × 3 或 5 × 5),能够有效捕捉空间局部信息,并建立图像内容的全局关系。然而,该方法削弱了模型在处理复杂场景时捕捉重要全局上下文信息的能力,例如目标纵横比变化和视野外,从而导致跟踪目标漂移或失败。在语言建模框架[4]中,具有自注意力的 Transformer 通过内容寻址机制实现全局关系交互,并学习较长图像序列中丰富的特征信息。而建模全局关系交互对于自然语言处理(natural language processing, NLP)领域至关重要[5]。

近年来,一些基于孪生网络的跟踪算法在无人机视频跟踪中受到广泛关注[6]。基于 CNN 模型的特征信息被引入模板和搜索分支中。通过互相关操作得到一个或多个响应图,并对提取的特征信息进行解码。因此,从目标模板到搜索区域的信息对于精确估计边界框至关重要。基于边界框的估计主要是间接边界框估计和直接边界框回归。基于间接边界框估计的跟踪算法使用多尺度搜索或抽样回归策略。而基于直接边界框回归的跟踪算法采用锚或多级跟踪策略来获得更强大和准确的视频跟踪结果。

目前的一些跟踪算法主要利用传统的低层手工方法提取目标特征,由于这些特征表示能力较弱,并且无法获得目标的全局上下文相关信息。目标跟踪中的通道、空间和时间信息对于跟踪性能的提升有重要作用。首先,特征通道信息有助于增强给定目标特征信道的可靠性,减少噪声干扰影响。其次,空间信息中包含给定目标的大量外观信息,有助于将目标与周围背景信息区分开来。最后,基于时间序列信息指的是图像序列帧之间的状态变化关系,有助于获取被跟踪定目标的全局上下文信息。

Transformer 是一种基于自注意力模块的深度神经网络,近年来被应用于视觉领域提取内在特征。鉴于其强大的表征能力,最近的一些研究[7]将自注意力模块应用于视频跟踪。在孪生跟踪网络框架下,本章中提出一种基于自注意力模块与卷积神经网络模型的特征融合网络。其中,该特征融合网络分别提取模板分支上的目标图像特征和搜索分支上的搜索区域目标图像特征,构建得到的特征融合网络模型包括多头自注意力模块。多头自注意力模块使用全局自注意力对卷积特征图进行处理和增强,本章提出的算法使用 Got - 10k 数据集作为训练集,对预训练网络模型参数进行微调。本章提出的算法主要贡献包括,提出一种基于卷积自注意力模块的特征融合网络,进一步增强模型的特征表示能力。同时,提出一种基于局部 - 全局搜索区域策略处理跟踪过程中的纵横比变化、尺度变化等各种表观变化等。在 OTB2015、UAV123、DTB70、UAV20L 等数据集上进行测试,实验结果表明,本算法具有鲁棒的跟踪性能。

4.2 卷积自注意力模块

4.2.1 特征融合网络

在孪生网络框架下,本章提出一种基于卷积神经网络与多头自注意力(MHSA)模块的特征融合网络模型,如图 4.1 所示。同时,基于该特征融合网络,提出一种简单、有效的局部 - 全局搜索区域策略的跟踪算法,并在无人机视频跟踪等数据集上应用测试。其中,卷积神经网络模型利用深度残差网络(ResNet - 22)的前两阶段,而第三阶段则由 MHSA 模块完全取代。特征融合网络模型用于分别提取模板分支上的目标图像特征和搜索分支上的搜索区域目标图像特征。通过特征融合网络模型中的卷积神经网络模型,对模板分支上的目标图像特征和搜索区域目标图像特征中的局部区域进行学习,以分别得到对应的局部语义信息。然后,通过 MHSA 模块对各局部语义信息进行聚合,以得到全局上下文相关信息。与传统的卷积方法相比,MHSA 模块消除了 ResNet 最后阶段空间卷积算子(即 3×3)的限制,并在 2D 特征图上实现了全局自注意力[8]。该特征融合网络直接利用卷积自注意力模块在 2D 特征图上获得注意力矩阵,该注意力矩阵包括每个空间位置的查询与键值对。基于孪生框架,该特征融合网络较好地获取了被跟踪目标的全局上下文信息[9]。

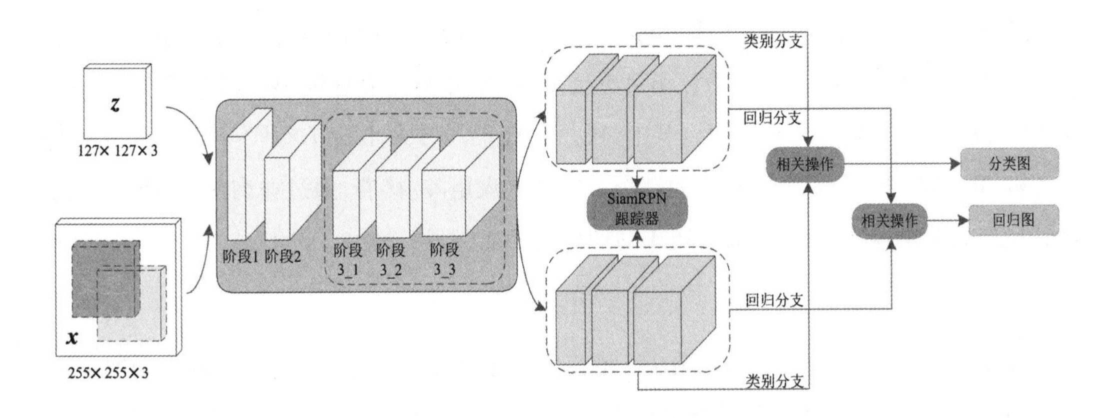

图4.1　基于卷积自注意力模块的网络结构

4.2.2　多头自注意力

MHSA 模块是本章提出的特征融合网络的重要组成部分。其中，自注意力模块如图4.2所示。模板分支上的目标图像输入为 $Z \in \mathbb{R}^{C\times H\times W}$ 以及搜索分支上的搜索区域目标图像输入为 $X \in \mathbb{R}^{C\times H\times W}$，$C$、$H$、$W$ 分别表示通道数、高度和宽度，$\mathbb{R}$ 表示实数集。MHSA 模块的生成方法主要包括优先在模板分支和搜索分支上利用卷积层的嵌入矩阵进行变换，分别生成查询、键以及值；接着利用查询和键构建得到局部关系矩阵；然后，通过引入的相对位置编码对局部关系矩阵进行增强，以得到增强的局部关系矩阵；并根据增强的局部关系矩阵，通过 Softmax 运算以得到相似局部相对矩阵，将相似局部相对矩阵以及多个值聚合起来，通过局部矩阵乘法计算得到聚合后的特征图；最后，根据聚合后的特征图计算得到 MHSA 模块。

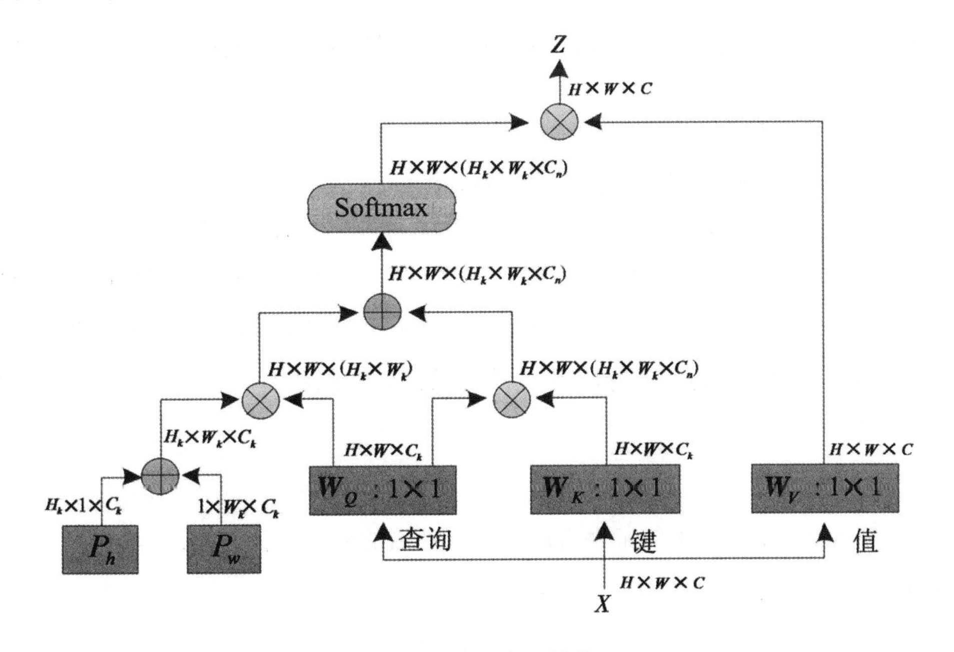

图4.2　自注意力模块

MHSA 模块的生成运算方法具体步骤包括:先在模板分支与搜索分支上分别应用具有 1 ×1 核卷积层的嵌入矩阵[$\boldsymbol{W}_q$, $\boldsymbol{W}_k$, $\boldsymbol{W}_v$]进行变换,以分别生成查询 $\boldsymbol{W}_Q=[X,Z]\boldsymbol{W}_q$,键 $\boldsymbol{W}_K=[X,Z]\boldsymbol{W}_k$ 和值 $\boldsymbol{W}_V=[X,Z]\boldsymbol{W}_v$。其中,$\boldsymbol{W}_Q$ 和 $\boldsymbol{W}_K$ 的尺寸大小为 $H\times W\times C_k$,C_k 表示减少的信道数,$\boldsymbol{W}_q$、$\boldsymbol{W}_k$、$\boldsymbol{W}_v$ 分别为所输入的三个不同的嵌入矩阵。接着,通过查询 $\boldsymbol{W}_Q$ 与键 $\boldsymbol{W}_K$ 构建得到局部关系矩阵 A,局部关系矩阵 A 的计算公式如(4.1) 所示,

$$A=\boldsymbol{W}_Q\otimes\boldsymbol{W}_K^{\mathrm{T}} \tag{4.1}$$

其中,$A\in\mathbb{R}^{H\times W\times(H_k\times W_k\times C_n)}$,$C_n$ 表示 $MHSA$ 模块的头数,$H_k\times\boldsymbol{W}_k$ 表示目标图像特征和搜索区域目标图像特征输入的 $2D$ 特征图上相对位置区域的高度和宽度的大小,$\otimes$ 为局部矩阵乘法。

根据引入的相对位置编码对局部关系矩阵 A 进行增强,以得到增强的局部关系矩阵 A^*,而增强的局部关系矩阵 A^* 的计算公式如(4.2)所示。

$$A^*=A\oplus(P\otimes\boldsymbol{W}_Q) \tag{4.2}$$

其中,P 为相对位置编码,相对位置编码 P 的大小为 $H_k\times\boldsymbol{W}_k\times C_k$,$\oplus$表示元素求和。

根据增强的局部关系矩阵 A^*,通过 *Softmax* 运算得到相似局部相对矩阵 $A\hat{}$,将相似局部相对矩阵 $A\hat{}$ 和多个值 $\boldsymbol{W}_v$ 聚合,通过局部矩阵乘法计算得到聚合后的特征图 Y。相似局部相对矩阵计算和聚合后的特征图如公式(4.3)和公式(4.4)所示。

$$A\hat{}=\mathrm{Softmax}(A^*) \tag{4.3}$$

$$Y=\boldsymbol{W}_v\otimes A\hat{} \tag{4.4}$$

根据聚合后的特征图 Y 计算得到 MHSA 模块,而 MHSA 模块的运算方法如公式(4.5)所示。

$$\begin{gathered}Y_i=\mathrm{Attention}(\boldsymbol{W}_Q\boldsymbol{W}_i^Q,\boldsymbol{W}_K\boldsymbol{W}_i^K,\boldsymbol{W}_V\boldsymbol{W}_i^V)\\ \mathrm{MHSA}(\boldsymbol{W}_Q,\boldsymbol{W}_K,\boldsymbol{W}_V)=\mathrm{Concat}(Y_1,\cdots,Y_{C_n})\boldsymbol{W}^O\end{gathered} \tag{4.5}$$

其中,$\boldsymbol{W}_i^Q\in\mathbb{R}^{C_m\times d_q}$,$\boldsymbol{W}_i^K\in\mathbb{R}^{C_m\times d_k}$,$\boldsymbol{W}_i^V\in\mathbb{R}^{C_m\times d_v}$,$\boldsymbol{W}^O\in\mathbb{R}^{C_nd_v\times C_m}$均为参数矩阵,$d_k$ 与 d_v 的默认参数为 32,C_n 与 C_m 表示头数与通道数,MHSA($\boldsymbol{W}_Q$, $\boldsymbol{W}_K$, $\boldsymbol{W}_V$)表示多头注意力模块的输出结果,Concat($Y_1,\cdots,Y_{C_n}$)表示聚合 C_n 个头所输出的特征图 Y 的结果,Attention($\boldsymbol{W}_Q W_i^Q$, $\boldsymbol{W}_K\boldsymbol{W}_i^K$, $\boldsymbol{W}_V\boldsymbol{W}_i^V$)表示所有头串联聚合后的特征图,$Y_i$ 表示最终输出的所有头串联聚合后的特征图的结果。

4.2.3 损失函数

本章提出的跟踪算法中的特征融合网络以端到端的方式进行训练,具体的损失函数如公式(4.6)所示,

$$L_{\mathrm{loss}}=L_{\mathrm{cls}}+\lambda L_{\mathrm{reg}} \tag{4.6}$$

其中,λ 是超参数,用于平衡 L_{cls} 和 L_{reg}。L_{cls}、L_{reg} 分别是分类损失和回归损失。更准确地说,分类损失是标准的二元交叉熵损失。回归损失是归一化坐标平滑 L_1 损失。一般将真实边界框中的像素对应的预测特征向量作为正样本,而其他被视为负样本。所有样本都会导致分类损失,但回归损失只会由正样本造成。

4.2.4　数据增强

本章研究分析发现,在基础跟踪算法 SiamRPN 中使用数据集 Youtube-BB[10] 和 ImageNet-Vid 等作为训练集。但是,这两种大规模数据集中只含有二三十个类别,它们不能用来训练高质量的模型,也较难更加鲁棒和准确地完成视频跟踪任务。因此,在本章的工作中,通过引入大规模 ImageNet-Vid 和 GOT－10k 数据集来拓展正样本对范畴。其中,GOT－10k 数据集包含 560 个运动对象和 87 个运动模式类。此外,它还提供超过 1 万个真实世界移动物体的视频剪辑和超过 150 万个手工制作的标签边界框。本章遵循 GOT－10k 相关协议,即训练集和测试集之间的对象类是零重叠。此外,这些数据集中的图像可通过图像增强技术生成训练图像对,例如平移、调整大小、灰度等。正样本对的多样性可以提高跟踪器的判别能力和准确率。

4.3　实验结果与分析

本章提出的跟踪算法在 OTB－2015、DTB70[11]、UAV123 和 UAV20L[12] 等具有挑战性的基准集进行实验测试和性能评估。该算法在 PyCharm 2020 环境下测试,主要的配置包括 AMD 12 核 CPU (3.00 GHz)、32 GB RAM、PyTorch 1.8.0,在单一的 GeForce RTX 3090 GPU 上运行。

4.3.1　训练阶段

在孪生网络结构下,采用 GOT－10k 训练集对基于卷积自注意力的特征融合网络进行端到端的训练。模型前两个阶段的参数是固定的,使用训练集调整最后一个阶段的模型参数。同时,图像数据增强主要包括转换、调整大小、灰度等。使用随机梯度下降法(SGD)对算法进行优化,其中动量被设置为 0.9。此外,每次迭代的学习率从初始学习率 0.01 下降到最终学习率 0.00001,算法训练权重衰减设置为 0.0005,批量大小(batch size)设置为 64。设置损失权重 $\lambda=5$。此外,本章提出的算法的锚点具有五个长宽比,即 0.33,0.5,1,2,3。并通过遵循 SiamRPN 跟踪算法准则,当 $P_{IoU}>0.6$ 时,将锚框当作正样本,当 $P_{IoU}<0.3$ 时,将锚框视为负样本。其他区间有 P_{IoU} 重叠的补丁(patches)将被忽略。

4.3.2 评估度量

OTB2015 基准集包含 100 个视频序列，主要包括局部遮挡、光照变化、快速运动等 11 种干扰属性。评估标准主要是准确率和重叠成功率指标，相应的跟踪结果根据 AUC 进行排序，本算法采用 OPE 策略下使用准确率和成功率来评估本算法和对比算法的跟踪性能。UAV123 数据集包含 123 个视频序列，同样使用准确率和重叠成功率两个评估指标进行跟踪性能对比。将本章提出的算法在 UAV123 基准集上与 SiamRPN、AutoTrack、STRCF、ARCF[13]、MCCT[14]、DPSiam 等先进跟踪算法进行比较。

考虑到空中监控场景的目标跟踪通常需要进行长期跟踪，本章也将在最近提出的包含 20 个视频序列的 UAV20L 数据集进行实验验证。UAV20L 数据集也是使用准确率和重叠成功率这两个评价指标进行性能对比。该视频数据集的 20 个视频序列中，最短的视频序列有 1717 帧，最长的视频序列有 5527 帧，同时将本章提出的跟踪算法在 UAV20L 基准集上与 STRCF、ARCF、AutoTrack、UDT+[15]、TADT、DPSiam 等先进跟踪算法进行实验对比与分析。

DTB70 是一个包含 70 个视频图像序列的高度多样化的基准集，它由无人机摄像机拍摄获取，总计 15777 帧。DTB70 数据集中包含相机移动等难点问题，被跟踪的目标主要是行人和车辆等。DTB70 数据集序列的每个子集都对应于 11 个属性中的一个。采用准确率和重叠成功率两个评价指标在 DTB70 进行跟踪性能测试，并与先进算法 AutoTrack、STRCF、MCCT、ARCF、UDT+、TADT、MSCF[16] 等进行对比。以上几个数据集的主要属性等如表 4.1 所示。

表 4.1 相关数据集比较

datasets	sequences	total frames	each sequence		
			Max	Min	Ave
OTB2015	100	59040	3872	71	590
UAV123	**123**	**112578**	3085	109	915
UAV20L	20	58670	**5527**	**1717**	**2934**
DTB70	70	15777	699	68	255

4.3.3 实验结果分析

OTB2015 跟踪结果：如图 4.3 和表 4.2 所示，在 OTB2015 数据集上将本章提出的跟踪算法与 SiamFC、LDES[17]、SiamRPN、TADT[18]、RMAN[19]、DSLT++[20] 等先进的跟踪算法进行了比较，使用准确率与重叠成功率评价指标进行性能分析。与 SiamRPN 跟踪算法相比，本章提出的跟踪算法在准确率和重叠成功率分别提高了 2.2% 和 2.8%。本章提出的跟踪算法在提取给定目标的全局上下文信息方面具有更好的性能。根据表 4.2 中的实验结果，表明本章提出的跟踪算法在重叠成功率方面有较好的跟踪效果，成功率达到 0.662。与

DSLT + + 、RMAN 等算法相比，本章提出的跟踪算法在精度上都取得了较好的跟踪性能。以上实验结果表明基于卷积自注意力在目标跟踪中的有效性和可行性。

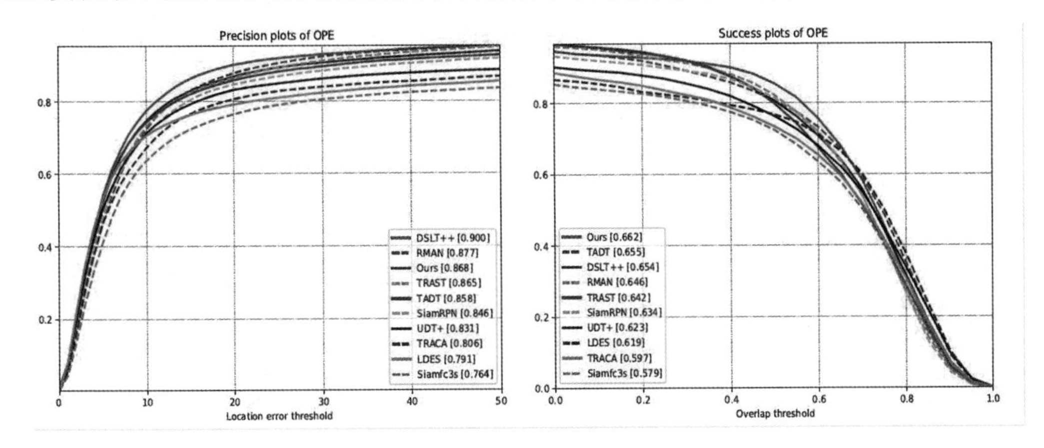

图 4.3 OTB2015 上准确率和重叠成功率

表 4.2 OTB2015 上最新跟踪算法比较

跟踪算法	precision	success	FPS
SiamFC	0.771	0.579	86
LDES	0.791	0.619	86
SianRPN	0.846	0.634	160
UDT +	0.831	0.623	55
TADT	0.858	0.655	33.7
TRAST	0.865	0.642	30
RMAN	0.877	0.646	–
DSLT + +	0.900	0.654	–
Ours	0.868	0.662	73

UAV123 跟踪结果：本章中设计了基于卷积自注意力的特征融合网络模型，通过 UAV123 对该特征融合网络模型进行评估。该 UAV123 基准主要用于评估跟踪算法是否适合在现实世界的 UAV 中应用。在单个 GPU 上进行跟踪性能的测试，相应的跟踪结果如图 4.4(a)和表 4.3 所示。从表 4.3 可以看出，本章提出的跟踪算法准确率(precision)和成功率(success)值分别为 0.787 和 0.580，分别比 SiamRPN 跟踪算法高了 1.9% 和 2.3%。从图 4.4(a)中可以看出，相对于 DSLT + 、STRCF 等先进的跟踪算法，本章提出的跟踪算法获得了最好的跟踪结果。如表 4.3 中的对比结果所示，DSLT + + 和 DPSiam 算法在准确率上分别获得了第二和第三跟踪结果。在表 4.3 中的 * 意味着可以基于 CPU 的环境下进行实时跟踪算法。从以上的跟踪实验结果可以看出，本章中提出的跟踪算法的性能优越，可以应用于

空中无人机的跟踪场景中。

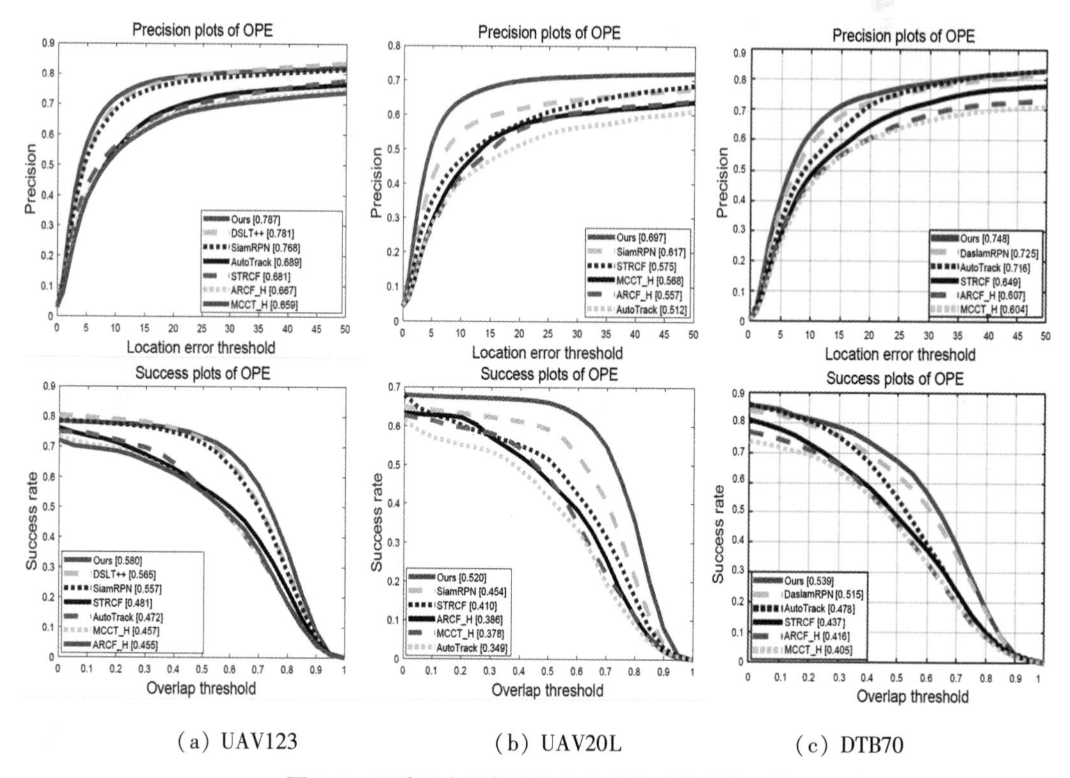

(a) UAV123　　(b) UAV20L　　(c) DTB70

图 4.4　三种无人机基准集上各种跟踪算法的比较

表 4.3　UAV123 上最新跟踪算法对比

跟踪算法	precision	success
SiamFC	0.725	0.494
SianRPN	0.768	0.557
DPSiam	0.777	0.519
AutoTrack *	0.689	0.472
STRCF *	0.681	0.481
ARCF *	0.671	0.468
MCCT *	0.659	0.457
UDT +	0.732	0.502
TADT	0.727	0.520
DSLT + +	0.781	0.565
Ours	**0.787**	**0.580**

UAV20L 跟踪结果：图 4.4(b)展示了本章跟踪算法和一些先进的跟踪方法在该数据集上的跟踪结果。与 SiamRPN 跟踪算法相比，该算法在准确率(precision)和成功率(success)上有了较大的提高，分别提高了 8.0% 和 6.6%，而且本章提出的跟踪算法只是在单个 GPU

上进行测试的。为了更好地进行跟踪性能的对比与分析，表4.4列出了UAV20L中最先进的跟踪算法的准确率和鲁棒性。从图4.4(b)和表4.4可以看出，本章中的算法在准确率(precision)和成功率(success)方面排名均为第一，分别为0.697和0.520，DPSiam紧随其后获得第二名。表中带有 * 的跟踪算法表示可以在CPU环境下进行实时跟踪。由此可以看出，与这些对比算法相比，本章提出的跟踪算法具有优越的跟踪效果。

表4.4　UAV20L上最新跟踪算法对比

跟踪算法	precision	success
SiamFC	0.599	0.402
SianRPN	0.617	0.454
AutoTrack *	0.512	0.349
STRCF *	0.575	0.410
ARCF *	0.557	0.378
MCCT *	0.568	0.378
UDT +	0.585	0.401
TADT	0.609	0.459
DPSiam	0.681	0.492
Ours	**0.697**	**0.520**

图4.4(c)中显示了DTB70数据集的实验跟踪结果，本章提出的跟踪算法在准确率(precision)和成功率(success)上都表现出稳定和优异的跟踪性能。请注意，本章提出的跟踪算法在单个GPU上进行测试，如表4.5所示，该跟踪算法与8种先进的跟踪算法进行了比较，该算法在DTB70中的precision和success分别为0.748和0.539。与基于深度的跟踪算法(即SiamFC和DaSiamRPN)相比，本章提出的跟踪算法显著地提高了目标跟踪的性能。图中带有 * 的算法表明该算法可以在基于CPU的环境下实现实时跟踪性能。为了评价提出的算法的实时性，将该算法与DTB70中的其他先进实时跟踪算法进行了比较。实验结果表明，本章提出的算法具有较好的跟踪性能和实时性，适用于真实世界中的无人机跟踪。

表4.5　DTB70上最新跟踪算法对比

dataset	indicators	SiamFC	AutoTrack *	ARCF *	MCCT *	TADT	UDT +	Ours
DTB70	Precision	0.719	0.717	0.694	0.725	0.693	0.658	**0.748**
	Success	0.483	0.479	0.472	0.484	0.464	0.462	**0.539**

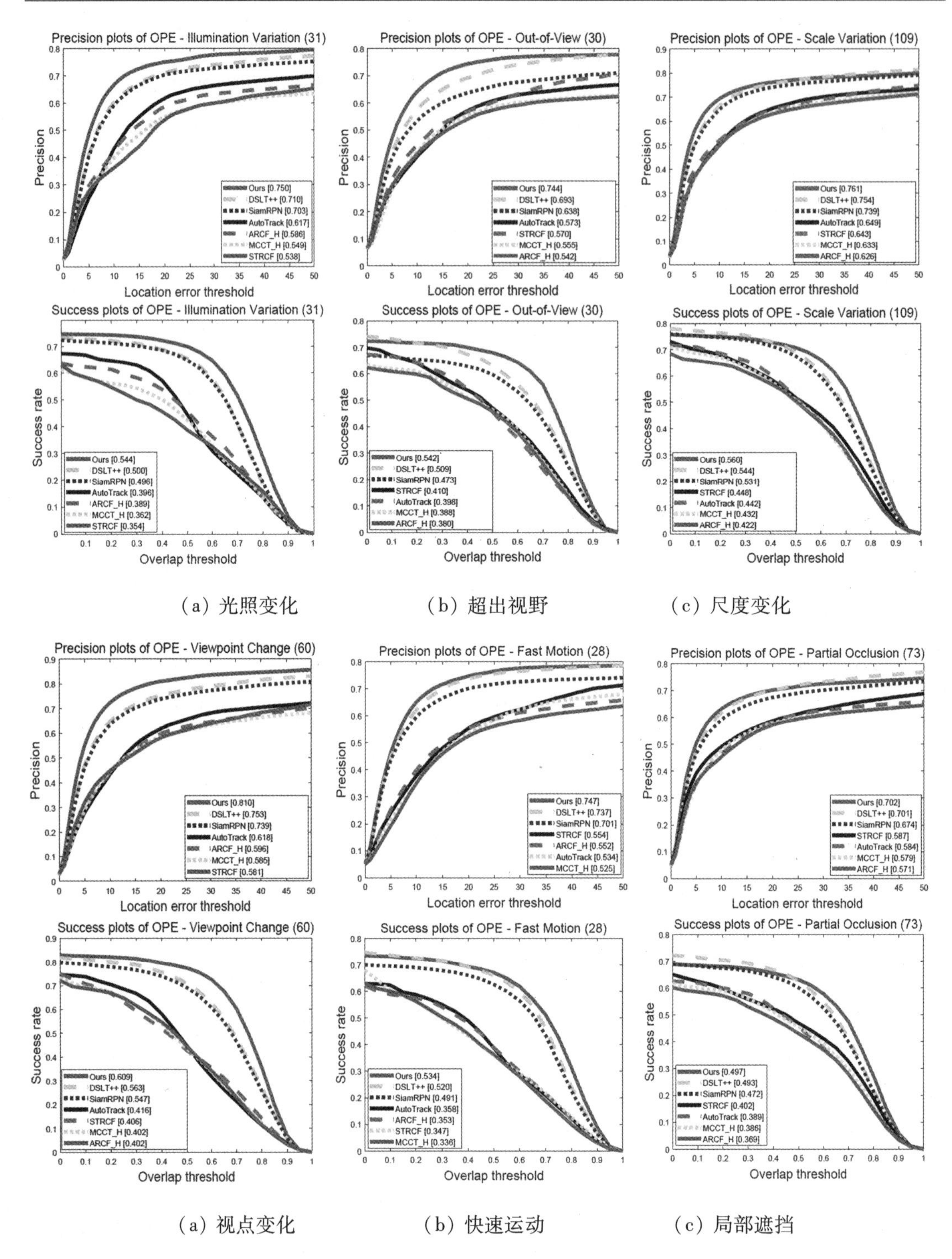

（a）光照变化　　（b）超出视野　　（c）尺度变化

（a）视点变化　　（b）快速运动　　（c）局部遮挡

图 4.5　UAV123 基准集上不同属性的准确率和成功率

如图 4.5 所示，给出了 UAV123 数据集中 6 种不同属性的精确率和成功率。通过与其他 SOTA 方法进行分析与对比，例如与 DSLT + + 相比，可以看出本章所提出的跟踪算法可以较好地处理外观变化的场景，如光照变化、超出视野外、尺度变化、视点变化等。通过分析

6 种跟踪属性图,可以看出本章提出的基于卷积自注意力的特征融合网络可以利用全局上下文相关信息提升无人机在执行空中跟踪中的性能,对复杂外观变化等有较好的处理效果。此外,当被跟踪物体周围环境的光照发生严重变化时,本章提出的跟踪算法可以有效去除冗余信息,学习到鲁棒的特征来识别物体周围环境的变化。此外,本章提出的跟踪算法在处理超出视野之外的场景上也有明显的改善。由于利用了不同的锚点,本章提出的跟踪算法具有不同尺度下的目标跟踪能力,这一点可以通过其在尺度变化属性图上的表现得到验证。在 UAV123 数据集中,与其他优秀的基于手工跟踪算法相比,本章提出的基于深度的跟踪算法跟踪性能良好。在图 4.4(a)和图 4.5 中,本章提出的跟踪算法显示了其比较于基础跟踪算法 SiamRPN 的较大改进,并在基于无人机的三个基准测试中获得了较先进的性能。实验结果表明,本章提出的跟踪算法在无人机中具有良好的跟踪精度和鲁棒性。

4.4　消融实验

如表 4.6 所示,本节主要验证设计的特征融合网络等每个组件中的有效性和可行性。通过消融实验分析确定所提出算法的最佳组合模型。以 SiamRPN 跟踪算法作为基线网络结构,利用 GOT-10k 作为训练集调整 ImageNet-Vid 上的离线预训练模型参数。本章提出的跟踪算法在 GOT-10k 数据集上使用相同的预训练参数进行重新训练。而且,在前两个阶段的参数是固定的。然后,主要考虑如何结合 CNN 模型和多头自注意力来确定特征融合网络模型中的位置。通过以下消融实验验证相关的细节。

在基础跟踪算法 SiamRPN 基础上,骨干网络模型(即 AlexNet)是经过 ImageNet-Vid 预训练而来的。然后,利用 Youtube-BB 作为训练集调整经过预训练的模型参数。然而,该数据集只包含 30 个左右的类别,不足以训练出高质量、通用的孪生跟踪特征。在本章的实验中,引入了大规模的 GOT-10k 数据集(包含 84 个类别),极大扩展了正负样本对的类别。此外,本章提出的跟踪算法利用了图像对的多样性(如平移、调整大小、灰度等),并将数据集中的静态图像生成图像对用于训练。训练样本配对的多样性可以提高跟踪算法的判别能力和回归精度。

由于卷积自注意力块在不同的位置和不同的组合形式都会导致不同的功能,进而影响整个算法的性能。从空间特征提取的角度考虑,所提出的跟踪算法先利用卷积,从给定的目标图像和搜索区域中有效地学习局部抽象和丰富的语义信息。然后,MHSA 使用全局自注意力来处理和聚合卷积捕获的特征图中包含的信息,全局注意力是在二维特征图上执行的。通过实验分析,本章选择通过在 ResNet 的最后阶段瓶颈块中的 MHSA 块来消除空间(3×3)

卷积算子的限制。

表4.6列出了消融实验结果,在整个消融实验中,带有卷积自注意力块的基础跟踪算法(即SiamRPN)可以实现更好的跟踪性能。利用不同卷积自注意力块的组合来获得更准确和鲁棒性的实验结果。在UAV基准测试中,如UAV123、UAV20L、DTB70,实验结果表明,所提出的跟踪算法也适用于无人机现实场景中的跟踪任务。与其他SOTA空中跟踪算法相比,本章提出的跟踪算法在处理外观变化场景问题方面具有一定的优势,同时在空中跟踪条件下保持一定的高效率。

表4.6 OTB2015上的消融研究

Architecture	Youtube-BB	ImageNet	GOT-10k	DP	OS
AlexNet(baseline)	√	√	×	0.846	0.634
CIRestNet-22	×	√	√	0.860	0.652
CIRestNet-22+2MHSA(stage3,epoch=50)	×	√	√	0.863	0.658
CIRestNet-22+4MHSA(stage3,epoch=50)	×	√	√	**0.868**	**0.662**
CIRestNet-22+2MHSA+stage3(epoch=50)	×	√	√	0.849	0.648
CIRestNet-22+4MHSA+stage3(epoch=50)	×	√	√	0.824	0.630
CIRestNet-22+4MHSA(stage3,epoch=55)	×	√	√	0.867	0.661

4.5 本章小结

本章设计了一种基于卷积自注意力的特征融合网络,该特征融合网络通过在ResNet的最后阶段瓶颈块中引入MHSA模块,消除了空间卷积算子(3×3)的局限性。此外,在输出的2D特征图上执行全局关注,并引入相对位置编码。本章设计了一种简单有效的从局部到全局搜索区域策略,从给定的目标图像中学习局部抽象和丰富的语义信息。然后,MHSA利用全局自注意力来处理和聚合卷积所捕获的特征图中的信息。实验结果表明,本章提出的算法在完成空中无人机序列任务中具有比较好的跟踪性能和实时性。

参考文献

[1] Krizhevsky A, Sutskever I, Hinton G. Imagenet classification with deep convolutional neural networks[J]. Advances in neural information processing systems, 2012, 25: 1097-1105.

[2] Simonyan K, Zisserman A. Very deep convolutional networks for large – scale image recognition[J]. ArXiv preprint arXiv:. 1409. 1556, 2014.

[3] He K, Zhang X, Ren S, et al. Deep residual learning for image recognition[C]. IEEE Conference on Computer Vision and Pattern Recognition, 2016: 770 –778.

[4]Devlin J, Chang M W, Lee K, et al. Bert: pre-training of deep bidirectional transformers for language understanding[J]. ArXiv preprint arXiv:. 1810. 04805, 2018.

[5]Han K, Wang Y, Chen H, et al. A survey on visual transformer[J]. ArXiv preprint arXiv:. 2012. 12556, 2020.

[6]杨帅东，谌海云，徐钒诚，等. 基于孪生区域建议网络的无人机目标跟踪算法[J]. 计算机工程，2022：288 –295.

[7]Yu Y, Xiong Y, Huang W, et al. Deformable siamese attention networks for visual object tracking[C]. IEEE Conference on Computer Vision and Pattern Recognition, 2020: 6728 – 6737.

[8] Srinivas A, Lin T Y, Parmar N, et al. Bottleneck transformers for visual recognition [C]. IEEE Conference on Computer Vision and Pattern Recognition, 2021: 16519 –16529.

[9] Jun Wang, Chenchen Meng, Chengzhi Deng, et al. Learning convolutional self-attention module for unmanned aerial vehicle tracking[J]. Signal, image and video processing, 2022, 17: 2323 –2331.

[10] Real E, Shlens J, Mazzocchi S, et al. Youtube-boundingboxes: a large high-precision human-annotated data set for object detection in video[C]. Proceedings of the IEEE Conference on Computer Vision and Pattern Recognition, 2017: 5296 –5305.

[11] Li S, Yeung D Y. Visual object tracking for unmanned aerial vehicles: a benchmark and new motion models[C]. AAAI Conference on Artificial Intelligence, 2017: 4130 –4140.

[12] Mueller M, Smith N, Ghanem B. A benchmark and simulator for uav tracking[C]. European Conference on Computer Vision, 2016: 445 –461.

[13] Huang Z, Fu C, Li Y, et al. Learning aberrance repressed correlation filters for real-time uav tracking[C]. IEEE International Conference on Computer Vision, 2019: 2891 –2900.

[14] Wang N, Zhou W, Tian Q, et al. Multi-cue correlation filters for robust visual tracking [C]. IEEE Conference on Computer Vision and Pattern Recognition, 2018: 4844 –4853.

[15] Wang N, Song Y, Ma C, et al. Unsupervised deep tracking[C]. IEEE Conference on Computer Vision and Pattern Recognition, 2019: 1308 –1317.

[16] Zheng G, Fu C, Ye J, et al. Mutation sensitive correlation filter for real-time UAV

tracking with adaptive hybrid label[J]. IEEE International Conference on Robotics and Automation, 2021: 503 - 509.

[17] Li Y, Zhu J, Hoi S C, et al. Robust estimation of similarity transformation for visual object tracking[C]. AAAI Conference on Artificial Intelligence, 2019: 8666 - 8673.

[18] Li X, Ma C, Wu B, et al. Target-aware deep tracking[C]. IEEE Conference on Computer Vision and Pattern Recognition, 2019: 1369 - 1378.

[19] Pu S, Song Y, Ma C, et al. Learning recurrent memory activation networks for visual tracking[J]. IEEE transactions on image processing, 2020, 30: 725 - 738.

[20] Lu X, Ma C, Shen J, et al. Deep object tracking with shrinkage loss[J]. IEEE Transactions on Pattern Analysis Machine Intelligence, 2020: 1 - 1.

第5章　基于可学习稀疏转换的目标跟踪

5.1　概述

近年来,基于深度学习的视频跟踪算法因在跟踪精度和跟踪速度之间都取得了较大的进度且达到了很好的良好平衡而备受关注。基于孪生网络的目标跟踪器主要包括特征提取主干网络和互相关方法组成,并已逐渐成为跟踪领域的发展趋势。该类算法开创性地将目标跟踪视为相似性学习任务,并实现了竞争性的跟踪性能。在 SiamFC 跟踪算法中,首次将孪生网络引入目标跟踪领域中,并提出了一种端到端的孪生网络目标跟踪框架。受原始 SiamFC 跟踪算法启发,一些算法通过引入额外的子网络或集成多个子网络来实现更稳健的跟踪性能,在跟踪算法方面也有了很大的提升。

以往的基于孪生网络框架的跟踪器一般采用浅卷积层进行目标特征提取,如 AlexNet 和 VGGNet16 等。目前,深度卷积神经网络在目标跟踪中起着主导作用,并取得了优异的性能,如 ResNet50。尽管基于深度学习的目标跟踪器已经取得了重大进展,但基于孪生网络的跟踪算法的离线预训练模型具有大量参数,并且难以充分利用空间和通道间的特征相关性。值得注意的是,主要的问题在于传统的二维卷积层,卷积层通常需要大量的卷积核来提取输入图像的语义信息,并进行前景和背景的区分。而且,这种方法很容易造成大量的离线模型参数。同时,所有参与滑动窗口操作的像素都具有相同的权重系数,这不利用突出显著的感兴趣区域,并抑制背景信息干扰。

5.2 SiamFC 网络结构介绍

基于 SiamFC 跟踪框架,本章提出了一种基于可学习稀疏转换的目标跟踪算法。首先,对 SiamFC 的跟踪框架进行简要分析介绍,基于孪生的跟踪算法(如 SiamFC 算法)开创性地将目标跟踪问题看成目标模板和搜索区域的匹配任务,并成为之后的主流跟踪框架,为后续的诸多算法提供了基础和发展思路。

SiamFC 的主要优势是实现了全卷积的端到端离线训练,这使得在给定有标注的数据集上进行训练模型,不会引入额外误差。同时,避免了过多的手工设计参数,使得整个模型非常高效。SiamFC 能够提供更大的搜索区域图像作为网络的输入,并通过互相关方式计算密集采样后的候选窗口的相似性。目标模板和搜索区域图像的相似度如式(5.1)所示:

$$S(x,z) = \mathrm{Corr}(\psi(x),\psi(z)) \tag{5.1}$$

其中,S 为输入的目标模板和搜索区域图像的响应图,Corr 为互相关操作,$\psi(\cdot)$ 表示特征提取器,SiamFC 采用的是 AlexNet 网络。

SiamFC 的基本框架如图 5.1 所示,通过在初始帧确定目标模板图像,下一帧确定搜索区域图像,两者作为共享权值的全卷积主干网络的输入,获取各自的深度特征后进行互相关操作,以得到相似性响应图,从而对目标位置进行定位。

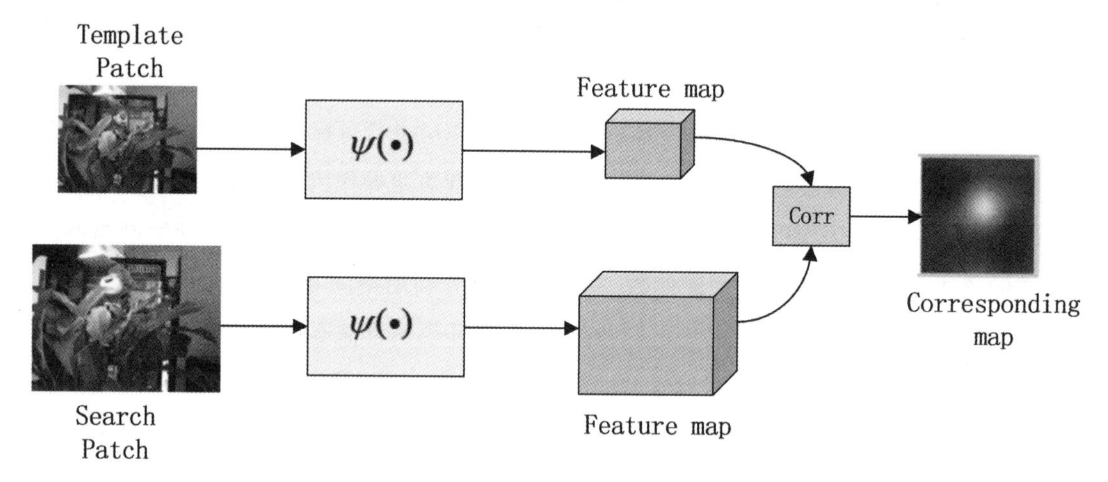

图 5.1 SiamFC 整体框图

5.3　基于可学习稀疏转换的目标跟踪

本章提出了一种基于可学习稀疏转换的目标跟踪算法，通过引入一种可学习稀疏转换模块（LST）与主干网络 AlexNet 共同构建端到端的深度模型，同时利用简单且高效的互相关操作进行目标模板和搜索区域图像的相似性计算[1]。所提出的跟踪算法能够有效缓解跟踪过程中的局部遮挡、快速运动等难点问题，并且相对于传统的 AlexNet 主干网络，拥有更少的网络参数量以及更快的收敛速度。此外，可学习稀疏转换模块从空间和通道维度出发，减少了模型的空间特征冗余，并探索和利用了通道间的特征依赖性。对比实验结果表明，当目标图像出现损坏或者图像中有较大噪声时，所提出的算法能够显著提升跟踪准确性，并具有实时性的跟踪效果。

所提出的算法在大规模数据集 GOT－10k 上进行端到端的离线训练，在多个基准集上进行实验对比，证明了所设计算法对孪生网络目标跟踪算法有显著改善。该算法的主要贡献如下：

（1）提出了一种端到端深度模型，用于进行目标模板和搜索区域的特征提取。该深度模型结合传统 AlexNet 主干网络和一种可学习稀疏转换模块的优势，充分发现空间和通道间的特征相关性，以突出目标模板和搜索区域图像的感兴趣区域，并抑制背景噪声干扰。此外，该深度模型有效地减少了 AlexNet 网络中的不必要的卷积层，以达到减少参数冗余的效果。

（2）提出了一种基于孪生网络的目标跟踪算法框架 SiamLST，包括设计的端到端的深度模型以及高效的互相关操作。其中，深度模型用于目标模板和搜索区域图像的深度特征提取，互相关操作用于计算两者之间的相似度。该算法充分利用了特征相关性，在保证跟踪实时性的前提下，显著提升了跟踪准确性和成功率。此外，所提出算法极大地缓解了遮挡和运动模糊等外观变化带来的挑战。实验结果表明，所提出的 SiamLST 算法在 OTB2015、GOT－10k、VOT2016 和 VOT2018 等基准集上达到了实时运行的效果，跟踪性能优于 SiamFC、KCF[2]、LDES[3]、ACFN[4]、Staple[5]等当前一些主流跟踪器。

5.3.1　LST 模块

为了获得更加鲁棒有效的目标特征表示，提出一种基于注意力机制的可学习稀疏转换模型。在详细描述 LST 模型之前，首先回顾一下卷积层在传统特征提取主干中的操作。通过二维卷积层的输出 $O_{i,j,k}$ 计算如式（5.2）所示：

$$O_{i,j,k} = \sum_{x=1}^{s}\sum_{y=1}^{s}\sum_{z=1}^{c_{in}} \Omega(J;i,j)_{x,y,z} \cdot K_{x,y}^{(k)} \tag{5.2}$$

其中，$\Omega(J;i,j)_{x,y,z}$ 表示在像素位置 (x,y,z) 上从 J 中提取的张量，Ω 对应卷积层中的滑动窗口，$K_{x,y}^{(k)}$ 表示 $K^{(k)}$ 的 (x,y) 处的像素。

从上述公式中可以看出传统的卷积层有两个比较明显的不足之处。首先，空间位置 (i,j) 的所有特征像素都参与了局部空间特征计算。虽然这对提取图像中高频特征有帮助，但对提取低频特征则是多余的。对于一幅图像而言，低频特征占据了特征图中的大部分像素。其次，对于同一通道中的所有像素都被平均加权来产生 $O_{i,j,k}$。实际上，输入的特征沿通道维度有很强的相似性。因此，存在着许多通道间的冗余计算。因此，受上述以及文献[2]启发，本章中引入一个可学习的稀疏转换模块（LST），通过该模块可以减少传统二维卷积的空间特征冗余，从而可以设计出更高效的卷积神经网络模型，为实现目标跟踪更好的准确性和实时性。

所设计的 LST 模块分别从空间和通道间维度处理特征映射。该模型有效地利用了特征依赖型，通过转换到更稀疏的域上，以便减少局部特征冗余。为了尽可能地保留输入图像的丰富细节，类似于残差网络，使用逐点卷积算子来调整特征映射比例。一般流程如式(5.3)所示：

$$T_{\mathrm{LST}}\circ J = T_s\circ T_C\circ T_r\circ J \tag{5.3}$$

其中，J 为输入图像，T_s 和 T_C 分别表示学习稀疏变换模块中的空间和通道变换。T_r 表示下采样操作，以确保输入图像特征可以与卷积特征串联。

5.3.2 SiamLST 算法

结合可学习稀疏转换模块，本章选择 AlexNet 网络作为基础特征提取主干，并替换其中卷积层，以达到更少的模型参数。通过设计一种端到端的深度模型对目标模板和搜索区域图像进行深度特征提取，可以有效减少空间特征冗余，并充分发现挖掘通道间的特征相关性。如图 5.2 所示，SiamLST 算法主要的组件包括：一个端到端的深度模型用于目标模板和搜索区域的特征提取，一个简单而高效的互相关算子用于两者的相似性度量。

其中，用于特征提取的深度模型主要包括可学习空间转换、可学习通道转换以及尺度自适应。下面将按照这三部分进行展开：

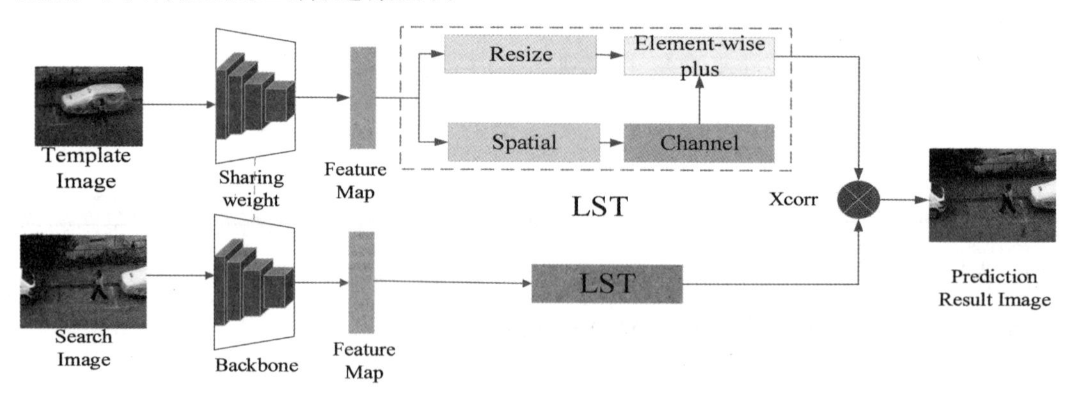

图 5.2　SiamLST 算法的大体框架

（1）可学习空间转换。在训练轻量级网络时，空间特征冗余是一个严重的问题。为了缓解这个问题，通过结合可学习的权重 W_s，设计一个高效的空间转换模块 T_s。具体细节是通过连续的行和列变换将输入图像分解到不同的频带。其中，可学习权重可以描述如式(5.4)所示：

$$W_s = W_{\mathrm{column}} \otimes W_{\mathrm{row}} \tag{5.4}$$

其中，$\otimes$ 为点积运算，主要对特征尺寸的插入与移除，W_{column} 和 W_{row} 分别为行和列对应的可学习权重。

（2）可学习通道转换。利用 T_C 模块的挖掘通道间的特征依赖性，这在抑制通道间特征冗余方面起着关键作用。可学习通道转换模块将输入特征映射到一个更稀疏的域，并通过 T_r 调整比例。与上面的空间变换类似，重新加权特征映射参数以突出感兴趣区域。此外，LST 模块有效地利用逐点卷积来获得通道间线索，以减少通道间参数冗余。

（3）尺度自适应。相比较传统的二维卷积层，滑动窗口上任意像素都有相同的权重，这不利于突出图像中的感兴趣区域以及抑制背景噪声。为了缓解目标跟踪中的这个问题，设计了一个可学习的权重映射算子 T_r。该模型通过空间和通道转换以获取更丰富和更稀疏的模板特征，并利用通道间线索突出感兴趣区域并抑制背景干扰。同时，通过一个有效的自适应尺寸变换模块，有效地提升了跟踪性能，增强了所设计的 SiamLST 的鲁棒性。

经过上述步骤后，所设计的模型获得了更稀疏的特征来应对视频序列中的挑战。此外，通过利用通道间线索，训练的模型变得更加轻量级。同时，非线性激活函数可以将负样本特征减少到零，并保持正样本特征（如 ReLU 等）不变。然而，现有的非线性激活函数在某些场景中，例如当输入图像有噪声或部分被遮挡时，鲁棒性不够强。为了进一步利用非线性语义信息，基于 ReLU 激活函数，设计了一种软阈值的激活函数，如式(5.5)所示：

$$y = \begin{cases} \mathrm{sgn}(x)(|x| - \tau), & |x| \geq \tau \\ 0, & \text{其他} \end{cases} \tag{5.5}$$

具体来说，当输入图像被遮挡或运动模糊时，所设计模型实现了更鲁棒的跟踪性能。此外，所提出的激活函数可以将琐碎的特征压缩到稀疏域中，以提高训练模型的轻量级。最后，结合 LST 模块设计一种端到端的深度模型用于模板和搜索区域图像特征提取，并结合互相关进行两者的相似性度量，如式(5.6)所示：

$$S(x,z) = Corr(T_{LST}(\psi(x), \psi(z))) \tag{5.6}$$

在这里，对于 AlexNet 主干网络，本章抛弃了一些传统的二维卷积层，结合可学习稀疏转换模块的优势，能够在保证跟踪准确度的前提下，减少了网络模型的参数量，并能缓解复杂场景下的跟踪漂移问题。

5.3.3 离线训练与推理

本章提出的 SiamLST 算法采用离线端到端方式进行训练以及满足实时性的推理阶段，接下来将具体阐述两个阶段：

(1)离线训练。SiamLST 算法在大规模 GOT－10k 训练集上采用离线和端到端训练方式。目标模板和搜索区域大小分别裁剪为 127×127×3 和 255×255×3。此外，通过结合 LST 模块和 AlexNet 中选择不同的卷积层来设计一个端到端的特征提取器。初始阶段随机对参数进行初始化，经过 50 个 epoch 进行卷积层相关参数的调整。在消融实验阶段，实验结果表明所设计的模块具有良好的鲁棒性。

(2)推理。在推理阶段，首先初始化跟踪器，并在初始帧确定目标模板图像，在下一帧以模板的 2 倍大小获取搜索区域。接下来，将输入图像发送到可学习特征提取主干中，以获得目标模板和搜索区域图像的深度特征，并且保持模板特征在后续帧中不变，以减少计算量。同时，跟踪器定义下一帧的搜索区域，并向特征提取主干提供信息以获得特征映射。最后，通过互相关运算以获得目标模板和搜索区域图像的相似性响应图，并通过计算确定当前帧目标的位置信息。

5.4 实验结果与分析

5.4.1 实验设置

在充分利用 CNN 和可学习稀疏变换模块的基础上，设计了一个端到端的可学习稀疏模型作为特征提取的主干，并舍弃了一些传统卷积层来增强深层模型的表示能力。最后，通过消融实验选择最佳网络模型。此外，目标模板被裁剪为 127×127×3，搜索区域被裁剪为 255×255×3。随机梯度下降法共进行了 50 个 epoch。将设计的 SiamLST 跟踪算法与当前具有竞争力的目标跟踪器(包括 SiamFC、KCF、LDES、AFCN、Staple、LMCF[6] 和 DSST[7]、DCFNET[8]、DSiam[9]、MEEM[10]、ECO[11]、BACF[12]等)进行比较。

该算法所需的软硬件环境配置如表 5.1 所示。

表 5.1 SiamLST 算法环境配置

软件环境	硬件环境
操作系统:Window10 专业版	GPU:NVIDIA Quadro P4000
开发环境:Pytorch1.4.0,Python	CPU:Intel Xecon E5－2600 v4(2 GHz)
其他:第三方库,Cuda 10.1	RAM:32 GB

5.4.2　消融实验

如表5.2所示，在该算法中选择不同的AlexNet卷积层来设计各种深度模型，在OTB2015基准集上，实验结果表明，第二个模型具有更高的准确性和成功率。在特征提取阶段，通常采取的策略是采用一些较小的卷积核进行初始化，感受野随着网络的加深而逐渐增大。一方面，特征映射在浅层有更多的细节信息，较小的卷积核可以有效地捕获这些信息。另一方面，特征图在深层具有丰富的语义信息，更大的感受野充分利用了语义信息。为了研究不同卷积层的影响，本章通过大量的消融研究获得了最佳模型，即最佳特征提取主干，换句话说，AlexNet 1、3、4、5卷积层和可学习的空间和通道模块实现了最好的跟踪性能。

表5.2　在OTB2015基准集上进行SiamLST算法消融实验

Dataset	Backbone	Embedding Type	Success	Precision	FPS
OTB2015	Conv2,3,4,5 + LST	Xcorr	0.787	**0.590**	77
	Conv1,3,4,5 + LST		**0.806**	0.589	71
	Conv1,2,4,5 + LST		0.790	0.588	**100**
	Conv1,2,3,5 + LST		0.755	0.568	66
	Conv1,2,3,4 + LST		0.769	0.580	91

5.4.3　定量分析

为了分析所提算法的有效性，在多个基准集上与多个具有竞争力的跟踪算法进行比较，下面将按照在不同的基准集进行定量分析。

(1)OTB2015是一个经典的跟踪基准集，包括98个具有挑战性的视频序列。每个序列都有一个或多个不同的属性，包括快速运动(FM)、形变(DEF)、超出视野(OV)、遮挡(OCC)、运动模糊(MB)、低分辨率(LR)、平面外旋转(OPR)、平面内旋转(IPR)、背景复杂(BC)、光照变化(IV)和尺度变化(SV)。在图5.3和表5.3所示中，SiamLST算法获得了最小的中心定位误差和较好预测边界框和地面真值之间的交并比IoU，仅次于LDES算法。

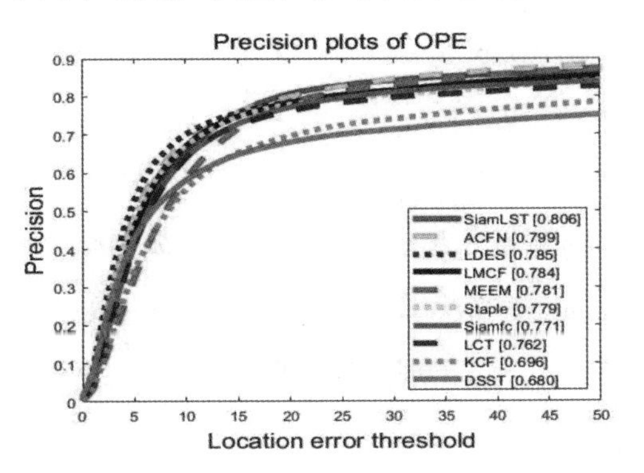

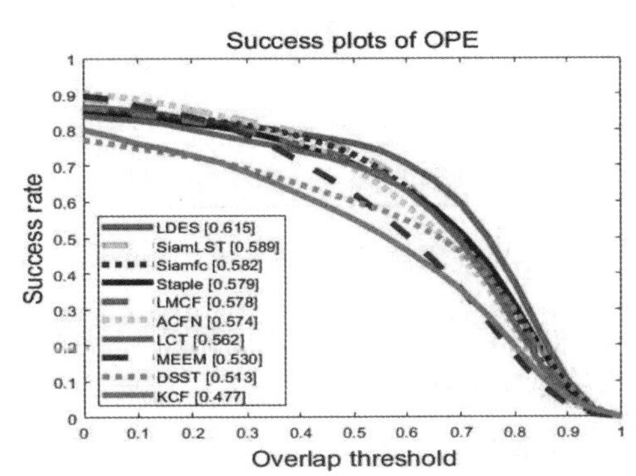

图5.3　在OTB2015基准集上定量分析

该算法中设计的深度模型可以充分挖掘卷积神经网络和可学习稀疏转换模块的优势，

结合 LST 的空间和通道模块转换有助于获得优异的跟踪性能。另外,该算法通过一种简单且高效的互相关方法计算目标模板和搜索图像之间的相似性,节约了模型的预测成本,使模型更加轻量化。此外,可学习稀疏转换模块采用软阈值激活函数进行感兴趣区域的进一步突出,同时,能够有效地抑制掉背景噪声中的低频部分。但是,SiamLST 算法也存在局限性,在跟踪的过程中,目标模板的深度特征未进行有效的更新。

表 5.3　在 OTB2015 基准集上定量分析

Tracker	Precision	Success	FPS
KCF	69.6	47.4	223.8
DSST	68.0	51.3	25.4
MEEM	78.1	53.0	19.5
CFNet	74.8	56.8	75
Staple	78.4	57.8	80
SiamFC	77.1	58.2	86
LDES	78.5	61.5	20
SiamLST	80.6	58.9	71

(2)GOT-10k 基准集是一个具有挑战性的大规模跟踪基准。它包含 1 万多个视频,有 150 多万个手动标记的边界框,分为 563 个目标类别和 87 个运动模式。在表 5.4 中,通过比较 SiamLST 算法和 GOT-10k 基准上的主流算法, SiamLST 算法在 $SR_{0.5}$和 $SR_{0.75}$中获得了最好的结果。此外,SiamLST 算法的结果在平均重叠率中仅次于 LDES 算法。

表 5.4　在 GOT-10k 基准集上进行定量分析

Tracker	AO	SR0.5	SR0.75
SiamFC	34.8	35.3	9.8
CFNet	29.3	26.5	8.7
MDNet	29.9	30.3	9.9
BACF	26.0	26.2	10.1
ECO	31.6	30.9	11.1
SiamLST	33.6	36.8	10.2

(3)VOT2016 基准集与传统的 VOT 版本相比,将测试集扩展到 60 组,并实现了样本自动标注。在图 5.4 中,与其他 SOTA 跟踪器相比,SiamLST 算法实现了最佳的 EAO 结果。由于在 CNN 中加入了可学习的稀疏转换模型 LST,当输入图像出现损坏或噪声时,可以获得更鲁棒和准确的性能。

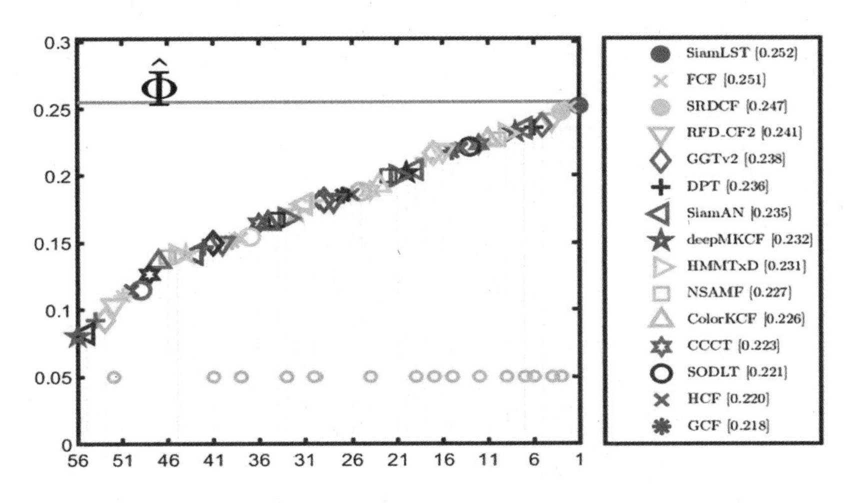

图 5.4 在 VOT2016 基准集上定量分析

(4) VOT2018 基准集增加了一项长期追踪比赛。与短期跟踪算法相比，VOT2018 增加了两个挑战，也就是完全遮挡和超出视野。在这种情况下，目标在视频帧中完全消失，跟踪器需要判断目标是否消失，并在目标出现时重新检测。在表 5.5 中，本章中所设计的 SiamLST 算法在精度上达到了较前沿的结果。

通过进一步分析，所设计的可学习稀疏转换模块通过逐深度卷积进一步突出了感兴趣区域，并且充分利用了通道间的像素相关性。在保证跟踪的实时性和准确率的前提下，SiamLST 算法通过减少卷积神经网络中的二维卷积层，减少了模型参数的数量。

表 5.5 在 VOT2018 基准集上进行定量分析

Tracker	A	R	EAO
DSST	39.5	145.2	7.9
KCF	44.7	77.3	13.5
DCFNet	47.0	54.3	18.2
SiamFC	50.3	58.5	18.8
DSiam	51.2	64.6	19.6
MEEM	46.3	53.4	19.2
SiamLST	52.9	49.1	21.7

在本小节中，通过在 OTB2015 基准集上比较 SiamLST 算法和不同先进的跟踪算法。在表中，SiamLST 算法通过一次性通过评估指标实现了优越的准确度和成功率，且 SiamLST 算法在准确度上优于其他竞争算法，在成功率上达到第二名，LDES 算法仅超过 SiamLST 算法 0.026。这些结果证明了所提出的可学习稀疏转换提取主干用于目标跟踪的有效性。

值得注意的是，与 SiamFC 相比，SiamLST 算法将准确率提高了 3.5%，并减少了模型的参数量。此外，该算法的优势在于通过空间和通道间的转换，有效缓解了局部特征冗余。同

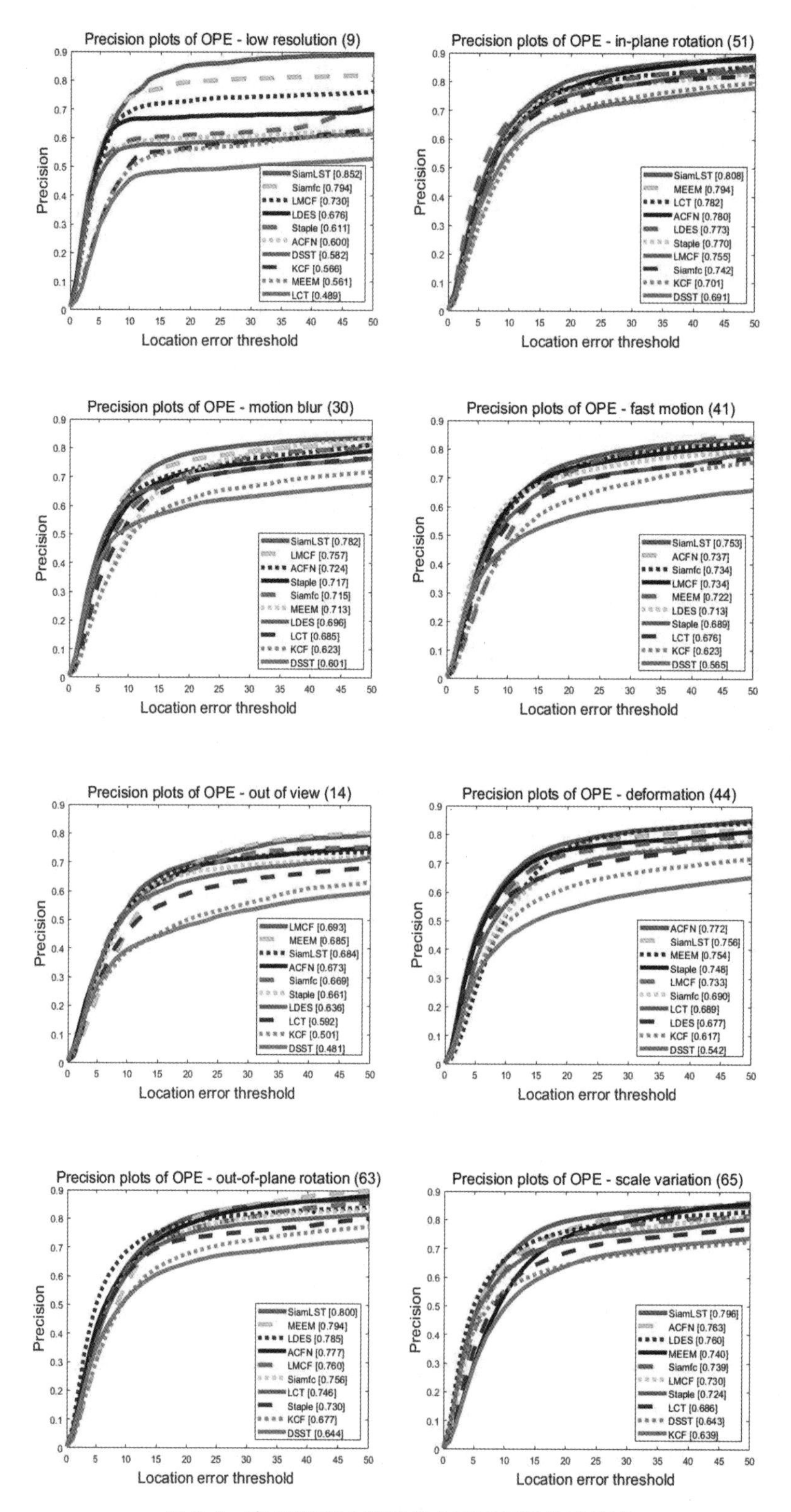

图 5.5　在 OTB2015 基准集上不同属性的准确率

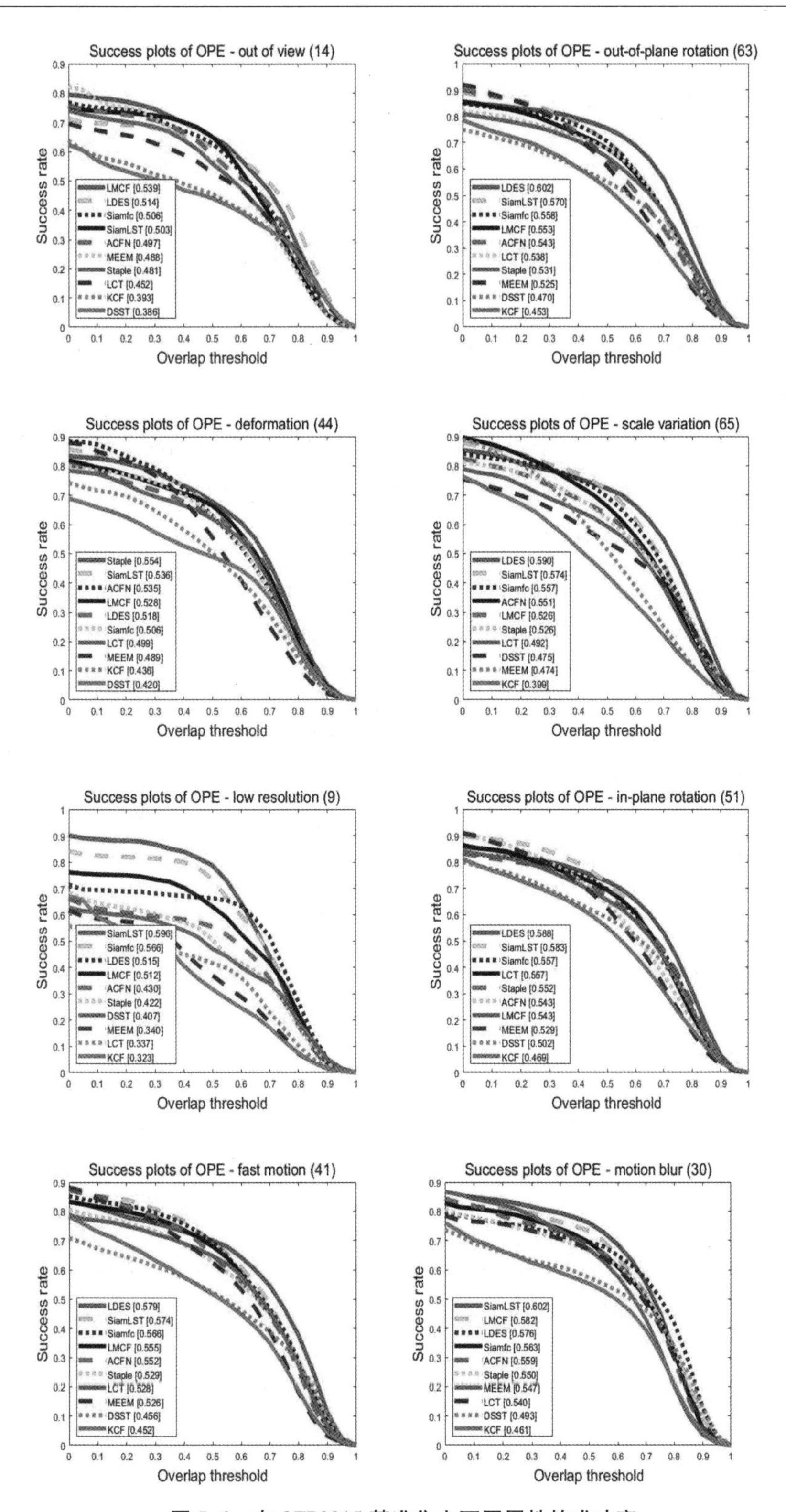

图 5.6　在 OTB2015 基准集上不同属性的成功率

时,结合卷积神经网络强大的特征提取能力,可学习稀疏转换模块和 CNN 组成的深度模型,不仅保证的目标模板的表征能力,而且有效地利用了空间和通道间的特征依赖性,保证了进一步提高跟踪的准确率和成功率。图 5.5 以及图 5.6 分别显示了与其他竞争算法的性能相比,也就是不同属性的中心位置误差和 IoU。最后,在下一小节中,将在 OTB2015 上随机选择 8 个具有挑战性的属性来评估 SiamLST 算法的性能。

5.4.4 实验结果分析

如图 5.7 所示,本文展示了与一些主流的跟踪算法比较的跟踪结果。接下来,本文将分析所设计的 SiamLST 算法在一些特定序列的优缺点。

(1)光照变化:在图 5.7 中,序列 Car1、Human2 和 Skiing 中的目标受到光照变化的影响,与 KCF、LDES 和 SiamFC 相比,所设计算法实现了最佳的跟踪性能。在 Car1 序列中,场景中存在相似的目标和低分辨率干扰。可以看到,SiamLST 可以有效地定位目标,而其他跟踪器不能很好地适应尺度变化。在 Skiing 序列中,目标遭受尺度变化、面内和面外旋转的挑战。此外,快速运动通常会导致较大的帧间偏移。可以看到,由于 SiamLST 利用语义信息提取深度特征,只有 SiamLST 和 LDES 跟踪器才能精确地跟踪目标。在 Human2 序列中,目标会受到运动模糊和照明变化的干扰。由于所设计跟踪器具有更稀疏和丰富的模板特征,它可以在输入图像出现中断或噪声时跟踪目标。最后,由于 SiamLST 算法缺乏在线更新模块来更新模板特征,当目标长期遮挡时仍然会出现跟踪器漂移。

(2)遮挡:在图 5.7 中,可以看到 Basketball、Biker、Football、Human7 和 Tiger2 序列中目标受到部分或短时遮挡的挑战。在 OTB2015 基准上挑战视频序列时,遮挡是一个典型的问题。在 Basketball 视频序列中,当场景中存在许多相似对象和部分遮挡时, SiamLST 算法可以准确跟踪目标并适应尺度变化。在摩托车手视频序列中,目标遭受快速运动和平面内旋转挑战,导致 KCF 和 LDES 跟踪器跟踪失败,但 SiamLST 可以很好地分辨前景。同样的情况也发生在足球、Human7 和 Tiger2 视频序列中,当目标在场景中遭受部分或短时遮挡时,SiamLST 算法的性能优于其他三种主流算法。SiamLST 跟踪器具有出色的跟踪性能,其来源可以概括为两个方面。首先,SiamLST 有效地利用通道间线索来表征目标和搜索区域图像,这大大减少了预训练模型参数。同时,可学习的特征提取主干获得了更多的丰富性,并且随着参数数量的增加,特征变得更稀疏。最后,当场景遇到遮挡挑战时,SiamLST 跟踪器实现了较好的性能。

(3)形变:在图 5.7 中,视频序列 Basketball 中,待跟踪目标在运动过程中会出现严重的形变。同时,待跟踪目标还遭受光照变化、遮挡和背景复杂挑战。可以看到,其余三种主流跟踪器在待跟踪目标出现一定程度的形变后,不能处理目标的尺度变化,预测边界框与真实边界框存在一定的差距。SiamLST 算法采用尺度金字塔方式对目标进行尺度自适应,在目标出现不同程度的形变时，能够有效地对目标进行跟踪。视频序列 Shaking 中，歌手在击打乐器的过程中身体会出现严重的形变。同时，在整个过程中，目标还伴随着光照变化、尺度变化、平面外旋转和平面内旋转。可以看到，其余三种主流算法出现不同程度的误差，SiamLST 凭借强大的特征提取能力能够对目标进行准确跟踪。

（4）背景复杂：在图 5.7 中，视频序列 Car1 中目标汽车在快速运动的过程中，目标遭受光照变化、尺度变化、运动模糊、背景复杂和低分辨率等挑战，其中背景复杂为主要的挑战性因素。可以清楚地看到，从第 577 帧到第 866 帧，SiamLST 算法不仅能够准确地跟踪目标，而且对目标周围的背景干扰也能够很好的处理。在复杂的现实场景中，待跟踪目标遭受最大的挑战就是背景相似干扰物，但是，SiamLST 算法通过发挥利用卷积神经网络和可学习稀疏转换模块的优势，能够有效缓解此场景下跟踪器出现漂移情况。通过一系列的空间和通道转换操作，本文算法能够有效挖掘空间和通道间的特征依赖性，以保证跟踪的准确性。在 Football 视频序列中，待跟踪目标周围出现严重的相似物干扰，可以看到，参与比较的跟踪器都出现了不同程度的漂移。但是，SiamLST 算法，从第 117 帧到第 352 帧，都能够有效地对目标进行准确的跟踪，其主要原因在于，SiamLST 算法利用了卷积神经网络的强大表征能力，在复杂的场景中，能够提取具有判别式的特征进行目标跟踪。

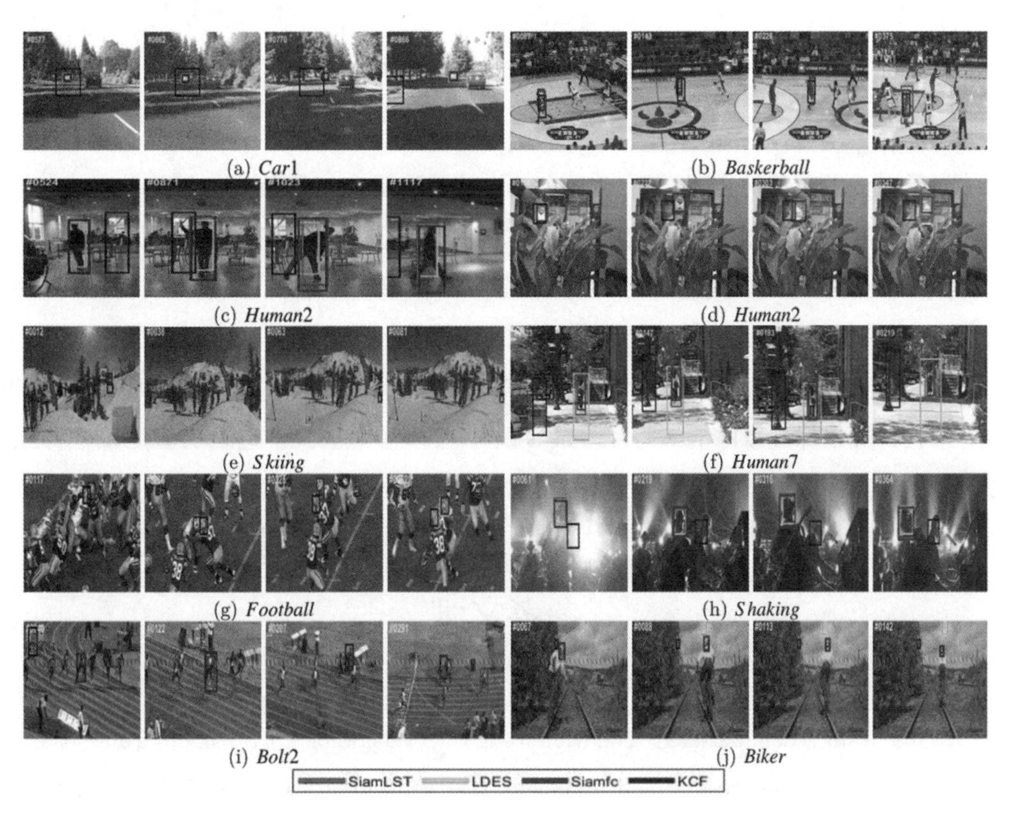

图 5.7　SiamLST 算法与主流算法在 OTB2015 序列上的比较

(5)局限性:如图 5.8 所示,红色框表示 SiamLST 算法,绿色框表示地面真实值。当场景中目标出现长时间的消失或者背景干扰很严重下,SiamLST 会出现跟踪失败案例。在第 5 章,将详细讨论一些解决方案去应对这些场景。

(a) *Birdl*　　(b) *CarDark*

图 5.8　SiamLST 算法的局限性

5.5　本章小结

本章针对浅层卷积神经提取特征不够充分以及深层网络严重增加网络收敛速度等问题,在分析当前跟踪算法的一些优势以及不足的基础上,提出一种基于可学习稀疏转换的目标跟踪算法。该算法基于孪生网络的目标跟踪算法框架两个重要组件出发,在特征提取阶段,设计一种端到端的深度网络进行目标模板和搜索区域图像的提取,包括可学习稀疏模块 LST 以及 AlexNet 网络,在保证跟踪准确性的前提下,减少模型的参数量。同时,采用互相关进行相似性计算以保证跟踪的实时性。最后,通过在多个数据集上进行实验比较,验证了所提出算法的优越性。

参考文献

[1] Jun Wang, Limin Zhang, Yuanyun Wang＊, Changwang Lai, Wenhui Yang, Chengzhi Deng, SiamLST: Learning Spatial and Channel-wise Transform for Visual Tracking[J], TehniČki vjesnik-Technical Gazette, 29 (4), 2022: pp. 1202-1209.

[2] Henriques J F, Caseiro R, Martins P, et al. High - speed tracking with kernelized correlation filters[J]. IEEE Transactions on Pattern Analysis Machine Intelligence, 2014, 37(3): 583 - 596.

[3] Li Y, Zhu J, Hoi S C, et al. Robust estimation of similarity transformation for visual object tracking[C]. AAAI Conference on Artificial Intelligence, 2019: 8666 - 8673.

[4] Choi J, Jin Chang H, Yun S, et al. Attentional correlation filter network for adaptive visual tracking[C]. IEEE Conference on Computer Vision and Pattern Recognition, 2017: 4807 - 4816.

[5] Bertinetto L, Valmadre J, Golodetz S, et al. Staple: Complementary learners for real - time tracking[C]. IEEE conference on computer vision and pattern recognition, 2016: 1401 - 1409.

[6] Wang M, Liu Y, Huang Z. Large margin object tracking with circulant feature maps [C]. IEEE Conference on Computer Vision and Pattern Recognition, 2017: 4021 - 4029.

[7] Danelljan, M., Häger, G., Khan, F. S., Felsberg, M.: Accurate scale estimation for robust visual tracking. In: British Machine Vision Conference[C],2014.

[8] Wang, Q., Gao, J., Xing, J., et al. (2017). Dcfnet: Discriminant correlation filters network for visual tracking. arXiv preprint arXiv:1704.04057.

[9] Guo Q, Feng W, Zhou C, et al. Learning dynamic siamese network for visual object tracking[C]. IEEE international conference on computer vision[C], 2017: 1763 - 1771.

[10] Zhang J, Ma S, Sclaroff S. MEEM: robust tracking via multiple experts using entropy minimization[C]. European Conference on Computer Vision[C], 2014: 188 - 203.

[11] Danelljan M, Bhat G, Shahbaz Khan F, et al. Eco: Efficient convolution operators for tracking[C]. IEEE Conference on Computer Vision and Pattern Recognition[C], 2017: 6638 - 6646.

[12] Kiani Galoogahi H, Fagg A, Lucey S. Learning background - aware correlation filters for visual tracking[C]. IEEE international conference on computer vision. 2017: 1135 - 1143.

第6章　基于图匹配的洗牌注意力目标跟踪

6.1　概述

基于深度学习的跟踪器都使用一个强大的特征提取主干网络，例如 AlexNet、ResNet 和 GoogleNet 等，以在孪生网络框架中提取目标模板和搜索区域的深度特征，鲁棒的特征表示对提高跟踪性能非常重要。目前基于孪生网络的跟踪算法中，一般都使用最后一个卷积层或级联多层特征作为目标模板和搜索区域的特征表示。为了获得更加鲁棒有效的特征表示，注意力机制被应用于 CNN 中，以提高卷积神经网络的表示能力，并尽可能抑制噪声的干扰。

基于孪生网络的跟踪器的另一个核部分件是相似性学习。SiamFC 引入孪生网络作为特征提取器，并采用互相关算子计算目标模板和搜索区域之间的相似性。在 SiamPRN + + 中，使用深度相关来减少模型参数的数量，使离线训练模型更加稳定。然而，互相关和深度互相关都将模板特征作为一个整体，在搜索区域的图像块上进行线性匹配，使相邻滑动窗口产生相似的响应，导致空间信息的模糊性。Guo 等提出一种图注意力模块(GAM)，该模块实现了模板和搜索区域之间的部分到部分匹配。受上述工作的启发，本章中提出一种基于洗牌注意机制和图匹配的孪生网络跟踪算法[1]。通过主干网络中的洗牌注意机制重构基本特征，并通过空间和通道转换使特征表示聚焦于感兴趣区域。与传统的互相关相似性度量不同，由部分到部分的图注意匹配方法进一步提高了在遮挡等复杂场景下的跟踪鲁棒性。

该算法的贡献可以总结如下三点：

(1)提出了一种基于 CNN 和洗牌注意单元的端到端深度模型，以增强特征表示的能力。该模型充分利用了 Inception v3 主干网络的多尺度卷积核级联操作，以捕获更多丰富的特征细节信息。同时，引入洗牌注意单元对深度特征进行空间和通道间的转换，以进一步挖掘特征依赖性，减少局部参数冗余。

（2）提出了一种新颖的基于孪生网络的视频跟踪算法框架 SGAT，包括设计的端到端深度模型和图注意力相似度匹配。该深度模型能够利用卷积神经网络以及洗牌注意力的优势，充分挖掘目标模板和搜索区域的特征相关性，以减少参数冗余。同时，引入了一种图注意力匹配方式度量目标模板和搜索区域图像的相似度，与现有的大多数跟踪算法不同，该相似性度量方式是一种非线性的匹配方法，通过将目标模板和搜索区域划分不同的节点进行匹配，充分利用了非线性的结构化和语义信息。

（3）实验结果表明，该提出的跟踪器在包括 OTB2015、GOT－10k、UAV123 和 LaSOT 等多个基准上都取得了优异的跟踪性能，并且优于当前许多的 SOTA 跟踪器。同时，本章中提出的跟踪器达到了每秒 60 帧的实时跟踪算法。

6.2　SiamCAR 的网络框架

本章提出一种基于图匹配的洗牌注意力目标跟踪算法，其主要受 SiamCAR[2] 跟踪框架启发。接下来，简要回顾一下 SiamCAR 算法的大致框架，该算法针对基于锚框的跟踪算法存在着对锚框设置敏感等不足，抛弃了 RPN 子网络进行目标边界框的分类和回归操作，提出分别使用两个响应图进行区域建议检测和回归，并直接预测目标的位置和边界框。此外，SiamCAR 采用在线跟踪和离线训练策略，在训练阶段不使用任何数据增强，并通过深度互相关生成多个响应图，如式 6.1 所示：

$$R = \varphi(X) \star \varphi(Z) \tag{6.1}$$

其中，φ 为用于特征提取的孪生网络，$\star$为深度互相关操作符。并通过级联操作对多个响应图进行连接，如式 6.2 所示：

$$\varphi(X) = Cat(F_3(X), F_4(X), F_5(X)) \tag{6.2}$$

其中，F_i 为第 i 卷积层输出，Cat 为级联操作符。

如图 6.1 所示，SiamCAR 主要包括两个重要的组成部分，一个是共享权值的孪生网络，用于目标模板和搜索区域的特征提取；另一个是用于分类和回归的子网络。孪生网络包括深度互相关操作，用于多通道响应图提取。用于边界框分类和回归子网络从多通道响应图中解码对象的位置和比例信息。

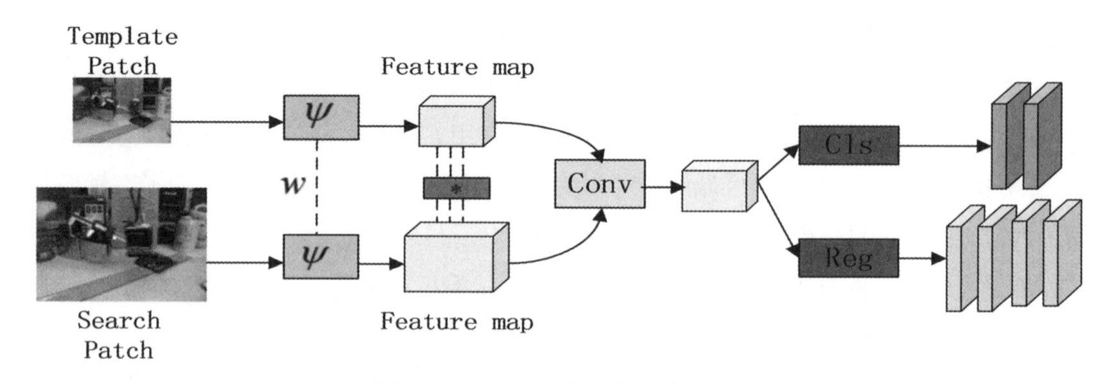

图 6.1 SiamCAR 算法的整体框架

6.3 基于图匹配的洗牌注意力视频跟踪

基于孪生网络的跟踪器由于其具有竞争性的跟踪性能而逐渐成为了目标跟踪领域的主要框架结构。该类跟踪器将跟踪任务视为目标模板与搜索区域之间的相似性匹配问题,极大地提高了跟踪的准确性和实时性。在基于孪生网络的跟踪器中,首先对初始帧图像进行预处理得到模板图像 x,并在下一帧中获取搜索图像 z。然后将这些图像块输入具有共享权重的卷积神经网络进行特征提取。通过互相关计算模板特征和搜索区域特征之间的相似性,并得到响应图。最后,根据得分图的值计算目标中心位置偏移和比例变化,以获取当前帧的目标位置信息。计算响应图的公式如式 6.3 所示:

$$f(z,x) = \varphi(z) * \varphi(x) + bI \tag{6.3}$$

其中,φ 表示卷积嵌入函数, $*$ 表示互相关操作, bI 表示任意位置取值为 $b \in R$ 中信号。

互相关是一种简单有效的方法,其本质上是向量内积的运算。然而,互相关是一个线性匹配过程,没有利用关键的语义信息,这使得这些跟踪器在复杂场景下(如遮挡和运动模糊)会降低定位精度。

为了更加准确地进行目标候选块的相似度计算,提出的跟踪器将使用引入的图注意力匹配来计算模板和搜索区域之间的相似性,并结合端到端深度模型来挖掘空间维度和通道维度之间的相关性。首先,利用卷积神经网络提取模板和搜索区域的基本特征。然后,将基本特征沿通道维度划分为不同的组,并对每个组进行通道和空间转换后重构。最后,计算目标模板的重建特征和搜索区域之间的相似性。特别是,图卷积匹配方法充分利用了目标的结构和语义信息,极大地缓解了目标姿态变化的挑战。

6.3.1 洗牌注意力机制

由于注意机制能有效提高了 CNN 表征目标的能力,已经引起了广泛研究者们的关注,并被成功地应用于各项计算机视觉任务。然而,大多数注意机制要么承受额外的计算负担,要么没有充分利用空间维度和通道维度之间的相关性。因此,本章通过结合卷积神经网络和洗牌注意单元设计一种端到端的深度模型进行特征提取。首先,沿着通道维度将基础特征划分为多个子特征;其次,洗牌单元通过空间和通道注意力构造每个子特征;最后,利用子特征之间的依赖关系来组合子特征。所设计模型有效地利用了空间和通道之间的信息相关性,从而在不增加额外开销的情况下突出显示目标区域并抑制背景干扰。

如图6.2所示,洗牌注意力机制主要包括通道块和空间块的基本特征进行重组而成。下面将从特征分组、通道注意力、空间注意力和特征重组进行分析:

(1)特征分组:假设存在由卷积神经网络得到的基本特征 $r \in R^{C\times H\times W}$,其中 C 、H 和 W 分别代表通道数、高度和宽度。洗牌注意单元沿通道维度分为 D 组,表示为 $r_k \in R^{C/D\times H\times W}$,$k \in \{1,2,\cdots,D\}$,其中 r_k 代表第 k 个子特征。这样,特征 r 被划分为多个子特征 r_k ,然后通过离线训练学习每个子特征的权重系数。同时,每个子特征被内部划分为两个分支 a 和 b ,$r_k = [r_{ka}, r_{kb}]$,其使用空间和通道间的特征相关性来学习权重系数并减少局部特征的冗余。

(2)通道注意力:通道注意力关注给定输入图像中哪些部分是重要的,其最典型的代表是SENet,它可以有效地捕捉通道之间的相关性。然而,SENet会增加模型的参数量,这不符合跟踪任务的轻量化设计原则。为了有效地生成通道间权值,通常对输入特征图的空间维度进行压缩,并采用平均池来整合空间信息。基于这些先验信息,采用了一种新的通道转换方法,该方法通过全局平均池来调整通道块的大小。按式6.4所示获得通道块:

$$r_{kb}^{'} = \frac{1}{H \times W}\sum_{m=1}^{n}\sum_{n}^{w} r_{kb}(m,n) \tag{6.4}$$

此外,通过自适应调整通道块大小,以获得通道注意力的最终输出,如式6.5所示:

$$r_{kb}^{''} = \sigma(w_1 r_{kb}^{'} + b)\cdot r_{kb} \tag{6.5}$$

其中,w_1 和 b 分别表示特征尺度缩放和漂移参数,σ 表示激活函数。

(3)空间注意力:作为通道转换的补充,空间转换旨在定位一个重要区域。为了有效地进行空间转换,它通常用于沿通道维度对输入特征进行平均池化和最大池化,并将它们连接起来以生成有效的特征描述符。本算法的具体实现步骤如下:首先,利用组归一化(GN)对空间特征进行预处理。然后,结合线性变换和激活函数,以增强特征表示能力,抑制背景区域的干扰。转换后的空间特征如式6.6所示:

$$r_{ka}^{''} = \sigma(w_2 GN(r_{ka}) + b)\cdot r_{ka} \tag{6.6}$$

经过变换后,每组的子特征充分利用空间和通道上下文信息,并在下一步对子特征进行重组。

(4)重组特征:对于进行通道和空间注意力转换后,采用通道洗牌单元沿通道维度重新组织子特征,即 $r = [r_1'', r_2'', \cdots, r_k'']$, $r_k'' = [r_{ka}'', r_{kb}'']$ 。

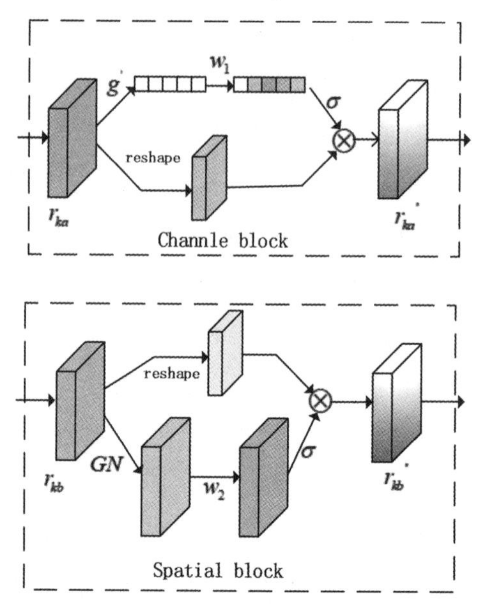

图 6.2　洗牌注意力的通道和空间模块

6.3.2　SGAT 算法

基于孪生网络的跟踪器通常使用互相关进行相似性匹配,这是一种在搜索区域将模板作为一个整体进行滑窗匹配的方法。然而,该方法是一个线性匹配过程,没有利用非线性语义信息。模板图像通常以矩形框为单位表示,这会在模板表示中引入背景噪声。这些原因导致了基于孪生网络的跟踪器的性能瓶颈。受文献[3]启发,为了充分捕获目标结构和语义信息,引入图注意力匹配来计算相似度,而不是互相关。如图 6.3 所示,通过将目标模板和搜索区域特征分解为多个网格,然后计算不同模板和搜索区域网格的相似性,极大地缓解了目标姿态变化的挑战。

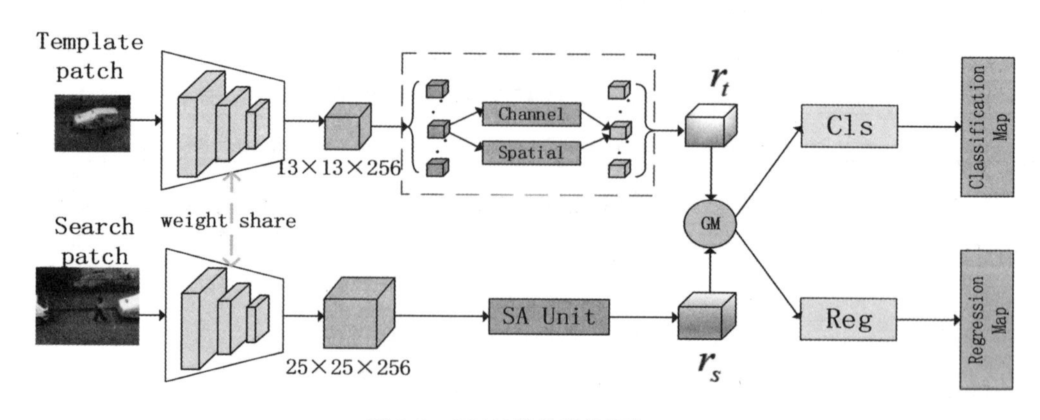

图 6.3　SGAT 算法整体框架

通过深度端到端模型获得模板和搜索区域的重构特征后,假设特征映射的 $1 \times 1 \times C$ 网格作为一个节点。对于模板上的节点 i 和搜索区域中的节点 j,相关分数如式 6.7 所示:

$$e_{i,j} = f(g^i(\varphi(x)), g^j(\varphi(z))) \tag{6.7}$$

其中,g^i 和 g^j 分别为节点 i 和 j 上重构特征向量。

为了使不同节点之间更加方便进行比较,采用了 softmax 函数对输出进行归一化,如式 6.8 所示:

$$\alpha_{i,j} = \frac{\exp(e_{i,j})}{\sum_{\beta \in \eta_t} \exp(e_{i,\beta})} \tag{6.8}$$

其中,η_t 表示包括所有目标模板节点的集合。

接着,获取判别式特征表示,如式 6.9 所示:

$$\hat{g}^j(\varphi(z)) = \mathrm{Re}LU\left(\sum_{i \in \beta_t} \alpha_{i,j} W_v g^i(\varphi(x)) \parallel (W_v g^j(\varphi(z)))\right) \tag{6.9}$$

其中,W_v 表示一种线性转换矩阵。

由于搜索区域和目标模板之间的局部特征越相似,就越有可能被视为前景。因此,选择内积来度量相似度,它适合表示这种关系。最终得分图如式 6.10 所示:

$$f(g^i(\varphi(x)), g^j(\varphi(z))) = (w_s g^i(\varphi(z)))^T (w_z g^j(\varphi(x))) \tag{6.10}$$

其中,w_s 和 w_z 分别表示一种线性转换矩阵,g 表示对应目标模板和搜索区域特征向量节点。

6.4　实验结果与分析

6.4.1　实验设置

提出的 SGAT 算法是在 Ubuntu 16.04 系统上使用 Pytorch 框架进行实现,硬件环境为 NVIDIA Quadro P4000 GPU、Intel Xecon E5 – 2600 v4 CPU(2.00GHz)和 32GB RAM。相比较基线 SiamCAR 算法,将参数 batch size 减少到 24 个。在 GOT – 10k 和 COCO 数据集的上离线训练 SGTA 模型,并通过预处理将图像裁剪到 511 ×12 大小。搜索区域图像和模板图像的大小分别为 287 ×287 和 127 ×127。同时,通过 ImageNet 训练的预训练模型对网络进行权重初始化。

在提出的跟踪算法中,使用了 GoogLeNet 作为主干网络。与传统的特征提取网络相比,GoogLeNet 可以提取更多的丰富特征,并使用 Maxpooling 来减少上层的参数冗余。具体来说,总共训练了 20 个 Epoch。前 10 个 Epoch 用于训练洗牌注意机制模块和图注意力匹配模块。后 10 个 Epoch 冻结了第一阶段的参数,并对主干网进行了微调。在多个数据集上与一些先进的算法进行对比,这些算法包括:SiamCAR、MDNet[4]、ECO[5]、CCOT[6]、SiamFC[7]、THOR[8]、SiamRPN_R18[9]、SPM[10]、SiamRPN++[11]、ATOM[12]、Ocean_offline[13]、SiamFC++[14]等。

6.4.2 消融实验

为了验证所设计的网络框架的核心组件的有效性,选择 OTB2015 测试集来验证不同的方案。首先,我们分析了不同类型骨干网络的优缺点,并通过表 6.1 中的实验证明了不同类型骨干网络带来的性能增益。同时,与传统的相似度计算方法进行了比较,验证了图注意力匹配方法的有效性。

(1)特征提取主干:回顾基于孪生网络的视频跟踪算法,主干网络主要可以归纳为两类:①浅层特征提取网络,如 AlexNet 和 VGGNet。这些网络的优点是易于收敛且参数少。缺点是模型的泛化能力不够;②深度特征提取网络,如 ResNet-152。显然,深度网络可以提高模型对数据的拟合和泛化能力。但缺点是参数太多,模型不够轻量级。鉴于上述分析,我们选择的特征提取网络是 GoogLeNet(Inception. V3)。与传统的主干网(如 AlexNet 和 ResNet)相比,它可以提供多尺度特征融合,提高网络的尺度适应性,并使用一些结构来减少各层的特征冗余。

(2)与互相关进行对比:现有的基于孪生网络的跟踪算法通常使用互相关来计算模板图像和搜索区域图像之间的相似性,并取得了很大的性能改进。然而,互相关是一个线性匹配过程,未使用关键的非线性语义信息,这可能是基于孪生网络的跟踪器的瓶颈。因此,使用一种新的图注意力匹配来计算模板图像和搜索区域图像之间的相似性。该方法充分利用目标非线性结构和语义信息,以计算两者之间的相似度。同时,本文使用洗牌注意机制重新分配从骨干网络中提取的特征的权重,并突出目标感兴趣区域。最后,将通过消融实验结果的来证明所设计模型的有效性以及鲁棒性。

表 6.1 在 OTB2015 上进行消融实验

Dataset	Backbone	Embedding Type	SA	Success	Precision
OTB2015	GoogLeNet	GM		0.671	0.855
	GoogLeNet		√	0.688	0.886
	ResNet	Xcorr	√	0.627	0.821
	ResNet			0.621	0.805

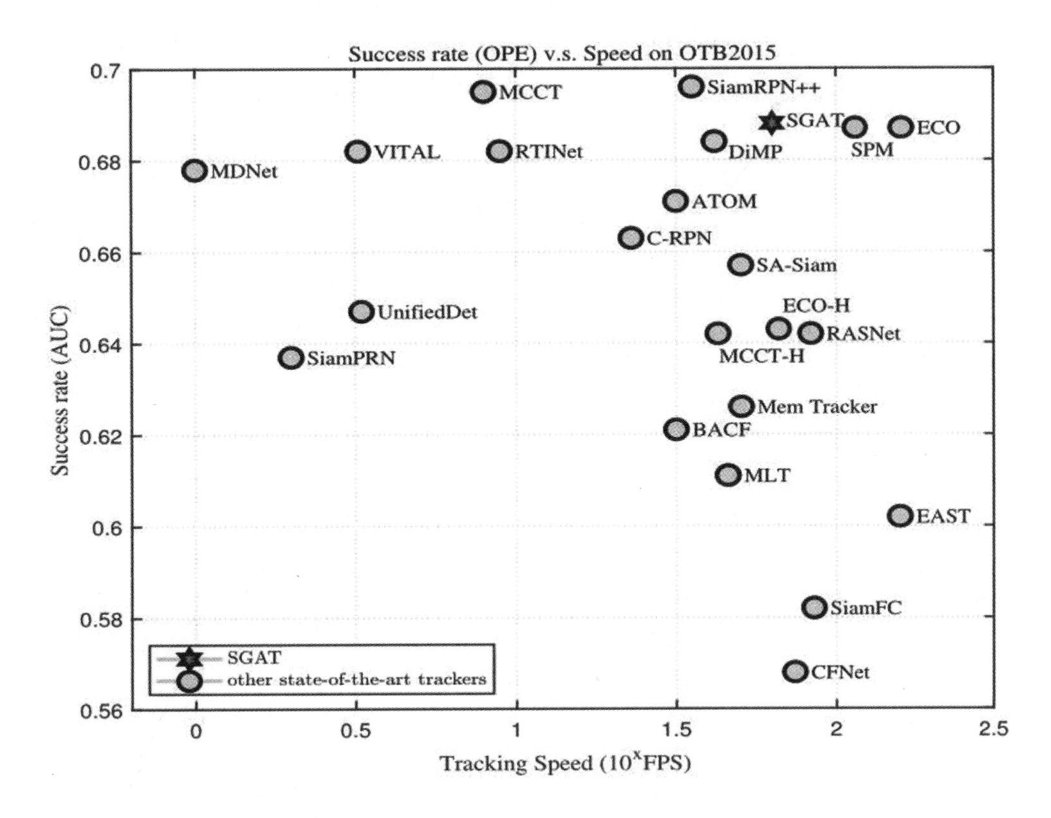

图 6.4　在 OTB2015 基准集上的成功率 - 速率

6.4.3　定量分析

本节将提出的 SGAT 算法与其他具有竞争力的跟踪器(包括 Ocean、SiamFC + + 、Siam-RPN + + 、SiamBAN、SiamCAR、ATOM、SPM 和 CLNet 等)进行比较。接下来,将通过在不同的挑战性基准集上进行比较实验,并定量分析与这些主流跟踪基准的跟踪性能。最后,本文将通过 SGAT 算法在随机序列上的实验结果进行分析。

(1)OTB2015 基准集由 98 个挑战性视频序列组成,其中 Jogging 和 Skating2 视频序列分别有两个不同的初始化跟踪对象,因此也被称为 OTB100。所有视频序列对应于一个或多个不同属性,包括光照变化(IV)、遮挡(OCC)、形变(DEF)、超出视野(OV)、低分辨率(LR)、平面外旋转(OPR)、平面内旋转(IPR)、快速运动(FM)、背景复杂(BC)、运动模糊(MB)和尺度变化(SV),共有 11 个属性。在图 6.4 中,所提出的跟踪器 SGAT 在实时速度和成功率之间实现了较好的平衡。同时,在图 6.5 和图 6.6 所示, SGAT 跟踪器在成功率和不同属性方面实现最佳结果。实验结果证明了 CNN 和洗牌注意机制相结合设计的表观模型的有效性。

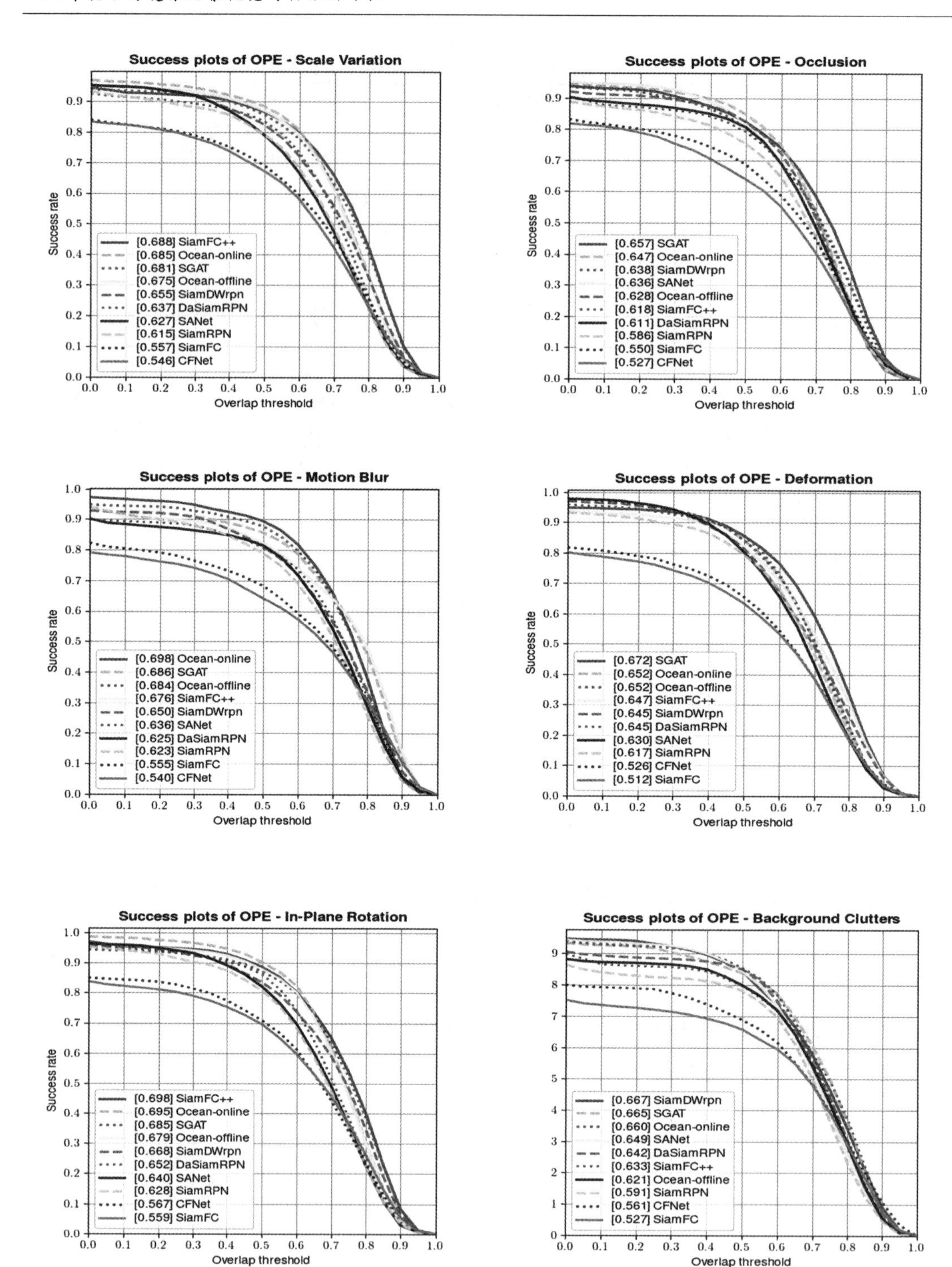

图 6.5　在 OTB2015 基准集上不同属性的成功率

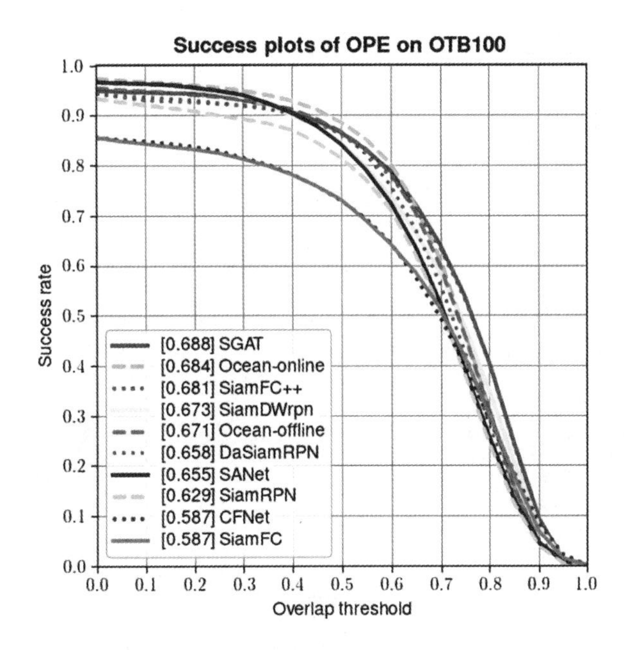

图6.6 在OTB2015基准集上的成功率

(2)GOT-10k是近些年发布的一个大规模跟踪基准集,它包括总共10000个视频序列、563个对象类和87个运动形式(例如跑步、游泳、滑雪、爬行、骑自行车等),测试集中包括180个具有挑战性的视频序列。值得注意的是,所有跟踪结果都必须在指定的服务器上进行评估,这保证了不同跟踪算法进行公平对比。此外,与其他基准集相比,GOT-10k限制了

表6.2 在GOT-10k基准集上的定量分析

Tracker	AO	SR0.5	SR0.75
MDNet	29.9	30.3	9.9
ECO	31.6	30.9	11.1
CCOT	32.5	32.8	10.7
SiamFC	34.8	35.3	9.8
THOR	44.7	53.8	20.4
SiamRPN_R18	48.3	58.1	27.0
SPM	51.3	59.3	35.9
SiamRPN++	51.7	61.5	32.9
ATOM	55.6	63.4	40.2
SiamCAR	57.9	67.7	43.7
Ocean_offline	59.2	69.5	47.3
SiamFC++	59.5	69.5	47.3
SGAT	59.5	70.1	46.6

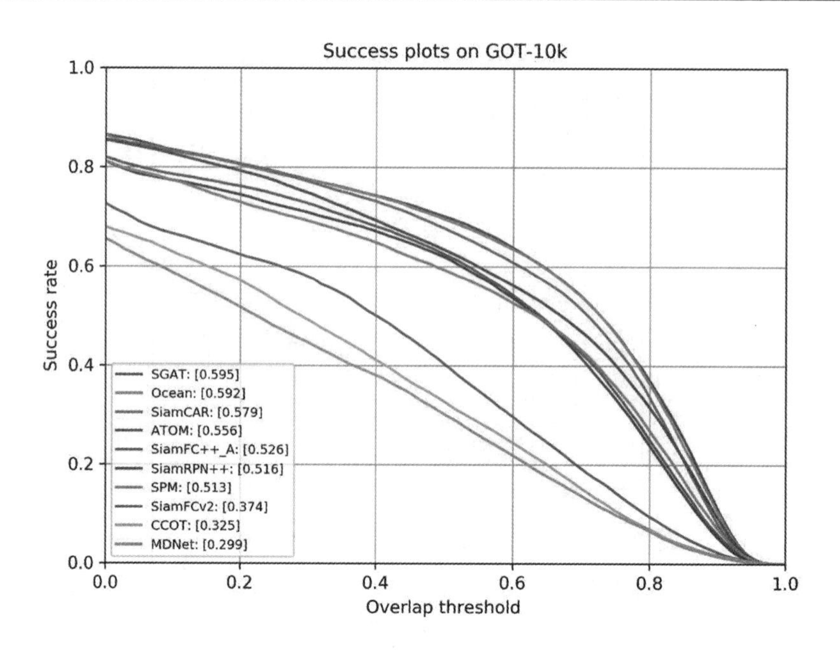

图 6.7 在 GOT-10k 基准集上的成功率

使用训练集进行训练。如表 6.2 所示,列出了与其他最先进的跟踪器在平均重叠(AO)和阈值 0.5 和 0.75 的成功率(SR)方面的比较,不难看出 SGAT 算法达到了最佳性能。同时,在图 6.7 中,本文从 AO 的角度与其他跟踪器进行了实验比较。由于采用目标模板和搜索区域之间的部分到部分相似度计算,SGAT 算法在 AO 和 SR0.5 方面取得了最好的性能。

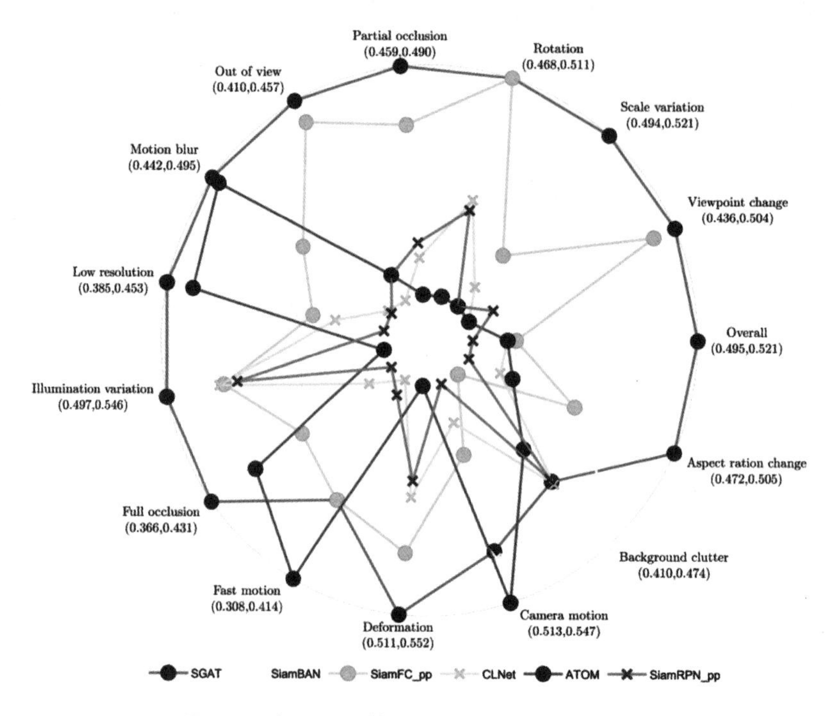

图 6.8 在 LaSOT 基准集上不同属性进行比较

（3）LaSOT 是另一个大型单视频跟踪数据集，包括 1400 个视频序列和 180 个测试集，平均每个视频超过 2500 帧。LaSOT 非常适合进一步评估跟踪器的鲁棒性，因为长期跟踪将导致模型的退化，并存在诸多具有挑战性的因素，包括遮挡、超出视野等。如图 6.8 所示，提出的 SGAT 在 LaSOT 基准集上多个属性上实现了最好的跟踪性能。在下图 6.9 所示，与 12 种最先进的跟踪器相比，所设计跟踪器在成功率、准确度和归一化精度方面优于其他算法。

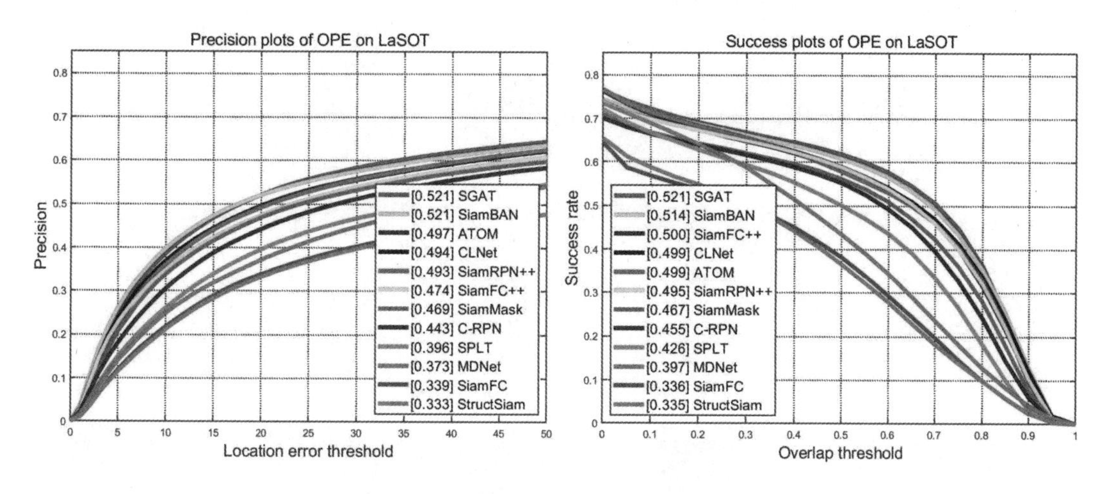

图 6.9　在 LaSOT 基准集上准确率和成功率

（4）UAV123 是为无人机跟踪器评估而设计的基准数据集，包括 123 个具有挑战性的视频序列，平均每个视频序列 935 帧。由于 UA V 的特点，测试集的主要挑战因素是遮挡和小目标，并且大多数图像具有低分辨率属性。在表 6.3 中，跟踪器 SGAT 的平均重叠达到了 80.7%，准确率达到了 61.6%，超过了一些现有的主流跟踪器，实现了最好的跟踪性能。

表 6.3　在 UAV 基准集上进行定量分析

	Our	SiamRPN + +[11]	DaSiamRPN[16]	UPDT[17]	ECO[5]	SiamFC[7]
Success	**0.616**	0.610	0.569	0.547	0.524	0.485
Precision	**0.807**	0.803	0.781	0.780	0.741	0.693

6.4.4　实验结果分析

如图 6.10 所示中，展示了在四个具有挑战性的序列上与其他跟踪器进行比较的结果。与 SiamFC + + 和 SiamDW 相比，在序列 Blurbody 的第 110 帧，由于洗牌注意力模型重新组织了基本特征，跟踪器 SGAT 可以准确地定位目标的边界框。在 Box 和 Coke 序列中，目标出现部分遮挡，伴随着快速运动和光照变化。虽然 SiamFC + + 和 SiamDW 可以粗略地定位目标区域，但它们不能很好地定位到边界框，我们的跟踪器 SGAT 取得了最佳性能。同样的情况也发生在 Woman 身上。

当目标被短时间遮挡时，本章提出的跟踪器可以再次有效地定位目标。结合消融实验，发现 SGAT 算法通过结合深度模型和图注意力匹配方法,在多个基准上获得了最佳结果。结合空间和通道注意力对每个子特征进行洗牌,充分利用了卷积神经网络和洗牌注意力的优势,使目标区域更加突出,并抑制背景干扰。同时,通过一种新颖的图注意力匹配方法计算模板和搜索区域之间的相似度可以有效缓解遮挡问题。

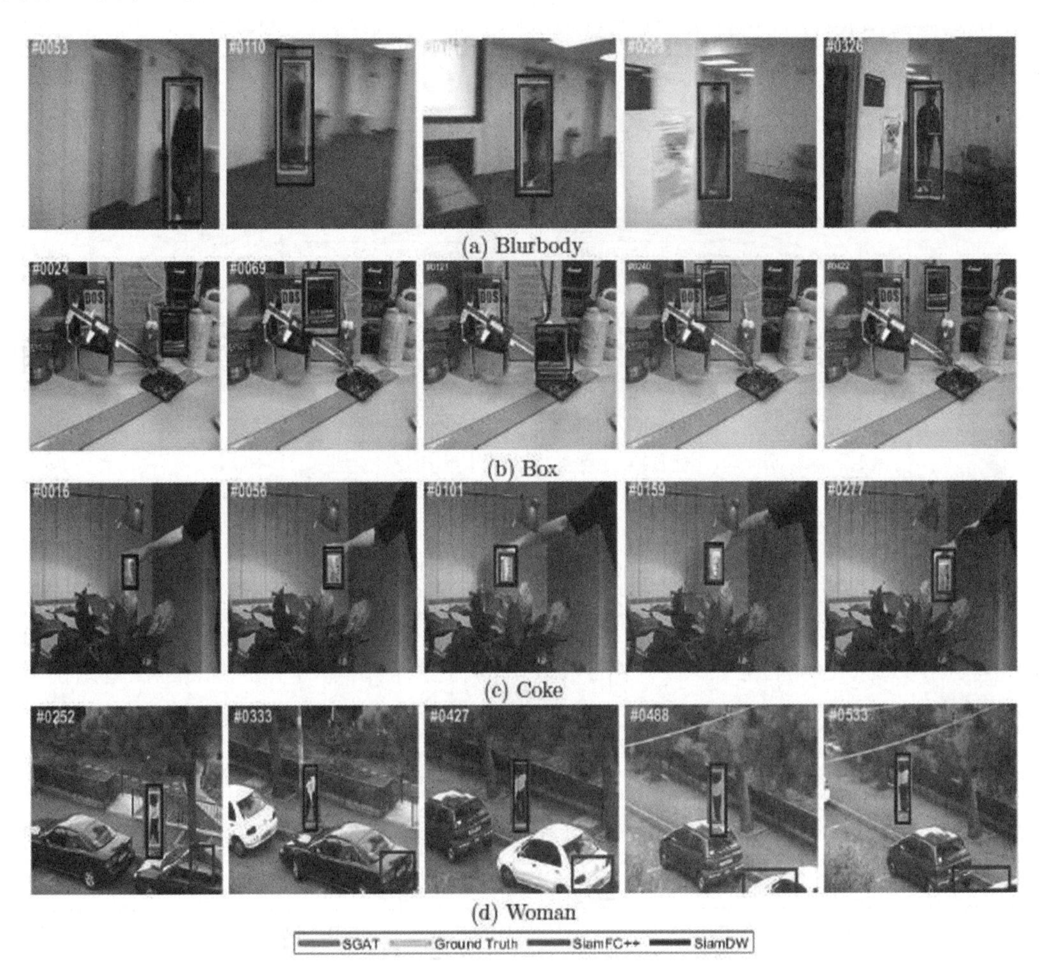

图 6.10 在 OTB2015 基准集上对不同视频序列进行比较

6.5 本章小结

在本章中,提出了一种简单、有效的基于图匹配的洗牌注意力视频跟踪算法,该算法在精度和实时速度之间取得了更好的跟踪性能。在所设计的深度模型中,多个子特征沿通道维度进行划分并并行处理,充分利用了空间维度和通道维度对特征的依赖性。子特征被聚合以利用空间和通道信息之间的相关性。此外,通过一种新的图卷积匹配方法计算模板和搜索区域之间的相似度,以获得分数图。大量实验表明,该跟踪器在多个基准数据集上都具有良好的跟踪性能。

参考文献

[1]JunWang, Limin Zhang, Wenshuagn Zhang, Yuanyun Wang * , Chengzhi Deng,SGAT: Shuffle and Graph Attention based Siamese Networks for Visual Tracking[J], PLOS One, 17(11), 2022, 10.1371/journal. pone. 0277064.

[2]Guo D, Wang J, Cui Y, et al. SiamCAR: Siamese fully convolutional classification and regression for visual tracking[C]. IEEE conference on computer vision and pattern recognition, 2020: 6269 -6277.

[3]Guo D, Shao Y, Cui Y, et al. Graph attention tracking[C]. IEEE Conference on Computer Vision and Pattern Recognition, 2021: 9543 -9552.

[4]Nam H, Han B. Learning multi - domain convolutional neural networks for visual tracking[C]. IEEE conference on computer vision and pattern recognition. 2016: 4293 -4302.

[5]Danelljan M, Bhat G, Shahbaz Khan F, et al. Eco: Efficient convolution operators for tracking[C]. IEEE conference on computer vision and pattern recognition, 2017: 6638 -6646.

[6]Danelljan M, Robinson A, Khan F S, et al. Beyond correlation filters: Learning continuous convolution operators for visual tracking[C]. European conference on computer vision, 2016: 472 -488.

[7]Bertinetto L, V almadre J, Henriques J F, et al. Fully - convolutional siamese networks for object tracking[C]. European conference on computer vision, 2016: 850 -865.

[8]Sauer A, Aljalbout E, Haddadin S. Tracking holistic object representations[J]. arXiv preprint arXiv:1907. 12920, 2019.

[9]Li B, Y an J, Wu W, et al. High performance visual tracking with siamese region proposal network[C]. IEEE conference on computer vision and pattern recognition, 2018: 8971 -8980.

[10]Wang G, Luo C, Xiong Z, et al. Spm - tracker: Series - parallel matching for real - time visual object tracking[C]. IEEE Conference on Computer Vision and Pattern Recognition. 2019: 3643 -3652.

[11] Li B, Wu W, Wang Q, et al. Siamrpn + + : Evolution of siamese visual tracking with

very deep networks[C]. IEEE Conference on Computer Vision and Pattern Recognition, 2019: 4282 - 4291.

[12] Danelljan M, Bhat G, Khan F S, et al. Atom: Accurate tracking by overlap maximization[C]. IEEE Conference on Computer Vision and Pattern Recognition. 2019: 4660 - 4669.

[13] Zhang Z, Peng H. Ocean: Object - aware anchor - free tracking[C]. European Conference on Computer Vision, 2020: 771 - 787.

[14] Xu Y, Wang Z, Li Z, et al. Siamfc + + : Towards robust and accurate visual tracking with target estimation guidelines[C]. AAAI Conference on Artificial Intelligence, 2020, 34(07): 12549 - 12556.

第7章　基于频域通道注意力机制的目标跟踪

7.1　概述

在目标跟踪算法中，通常在视频序列的第一帧中制定被跟踪的目标，并将其作为目标模板。在后续帧的跟踪中，目标跟踪算法利用特征描述子对目标对象进行表观建模，最后利用表观模型在后续的视频帧进行目标位置预测。在传统的目标跟踪算法中，通常使用手工特征对目标表观进行描述，例如直方图特征[1]、LBP、Haar 特征[2]等。基于手工特征的目标跟踪算法一般使用固定尺寸的窗口对输入图像进行样本采集，这类算法可以有效解决尺度变化和姿态变化等问题带来的干扰信息。然而这类算法在采样过程中存在图像重叠现象，降低了样本的多样性，对跟踪结果产生负面干扰。另一方面，大部分基于手工特征的目标跟踪算法无法高效率地处理计算数据，难以满足实时性的要求。

近年来，深度学习网络凭借着端到端的网络模型成为了主流网络之一，全卷积网络(Fully Convolutional Network，FCN)是一种典型的深度学习网络，它使用了卷积层代替卷积神经网络中的全连接层，并使用反卷积操作对特征图进行上采样，使得输出的特征图尺寸与输入图像尺寸相同。此外，FCN 对特征图上的每个像素进行了分类操作，并保留了原始图像中的空间信息。然而在对每个像素进行分类时，FCN 没有考虑不同像素之间的相关性，缺乏空间的一致性。

针对上述问题，2016 年 Tao 等[3]首次将孪生神经网络引入目标跟踪领域，并提出了基于孪生神经网络的目标跟踪算法。该算法将目标跟踪问题转化为了块匹配问题，解决了目标跟踪过程中的计算成本问题和窗口滑动带来的样本重叠问题。在此基础上，Li 等提出了一个基于区域建议网络的目标跟踪算法 SiamRPN，该算法将跟踪任务转化为了局部单次检测任务。该算法通过把模板分支的目标表观信息编码到 RPN 特征映射中，将其作为局部检测任务的卷积核,对搜索图像的前景与背景进行区分并检测。在推理阶段,该算法对搜索分支进行前向传递,得到分类和回归输出,从而获得候选框。SiamRPN 通过使用区域建议网络来替代传统的目标候选框,并使用了回归与分类两个分支对目标进行轨迹预测,提升算法的性能。在本章中,从增强特征表征能力入手,利用注意力模块对模板图像的特征信息进行增强,从而达到算法性能提升的目的。

7.2 基于频域通道注意力机制的目标跟踪

7.2.1 算法框架及思路

全卷积网络对特征图像中的每个像素进行分类时,没有考虑不同像素之间的关联性,当跟踪场景中存在相似目标时会导致跟踪结果出现偏差。本章中所提出算法的总体框架如图 7.1 所示,它由一个通道注意力模块和一个跟踪网络组成。该算法以孪生网络结构为基础框架,将 127 ×127 ×3 的模板图像和 225 ×225 ×3 的搜索图像分别输入两条分支中,并使用共享参数的全卷积 AlexNet 网络提取图像特征。为了提升网络模型对目标信息的敏感度,该算法使用了通道注意力模块对模板特征图进行了特征增强处理。传统的通道注意力模块使用了全局平均池化学习得到一组权重系数,并使用这组权重系数对特征图进行加权融合。然而全局平均池化操作对通道内的所有空间元素进行了均值计算,抑制了特征信息的多样性[4]。

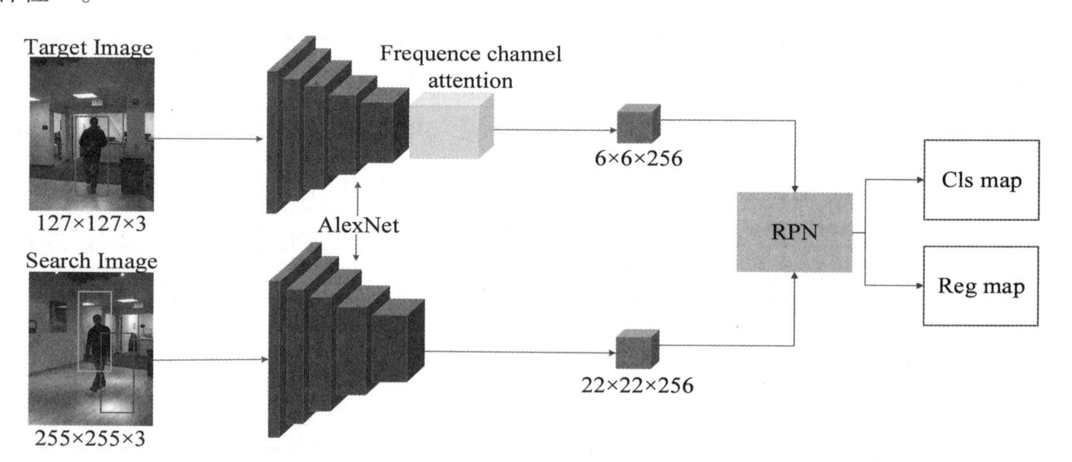

图 7.1 基于频域通道注意力机制的目标跟踪

本章中提出的跟踪算法将特征图映射到频域通道维度,根据通道之间的相关性,将模板特征图均分为了不同频率分量组成的通道。通道注意力模块通过学习得到了一组动态加权系数,并将其与特征图相结合。然后,该算法使用区域建议子网络对加权后的模板特征图和搜索特征图进行分类和回归操作,并计算目标位置和尺寸大小。最后该算法将分类分支和回归分支相结合,在搜索图像上使用边界框表示目标的预测位置。

7.2.2　孪生神经网络框架

孪生神经网络框架的输入通常由两条分支组成,一条是模板图像输入分支,通常使用符号 z 表示;另一条是搜索图像输入分支,通常用符号 x 进行表示。将两条分支分别输入相同的全卷积 AlexNet 神经网络进行特征提取,分别得到两幅特征图 $\varphi(z)$ 和 $\varphi(x)$ 。全卷积 AlexNet 网络具有平移不变性,有利于进行相应的匹配。当目标在平面内旋转、平面外旋转、光照变化时,可以成功识别目标:

$$h(L_{k\tau}x) = L_{\tau}h(x), \tag{7.1}$$

其中 L_{τ} 是一个平移算子, k 是平移步长, h 是具有整数步长 k 且可以将一个信号映射到另一个信号的映射函数。

7.2.3　频域通道注意力模块

为了增强模板特征图像的目标信息,本算法中利用特征通道之间的依赖关系在频域中生成通道注意图。与 SENet 中的全局平均池化(Global Average Pooling,GAP)不同,频域通道注意力模块使用了最大池化功能,它可以突出背景通道和目标通道之间的差异。整个频域通道注意力模块将分两步对特征图进行增强,第一步是沿着特征图的维度将特征图划分为 n 个小块,然后根据目标信息在通道中的内容计算每个块的重要性并加权。第二步是在第一步的基础上,选择 k 个性能最高的频域通道,组成所需的频域通道注意力模块,整个框架如图 7.2 所示。

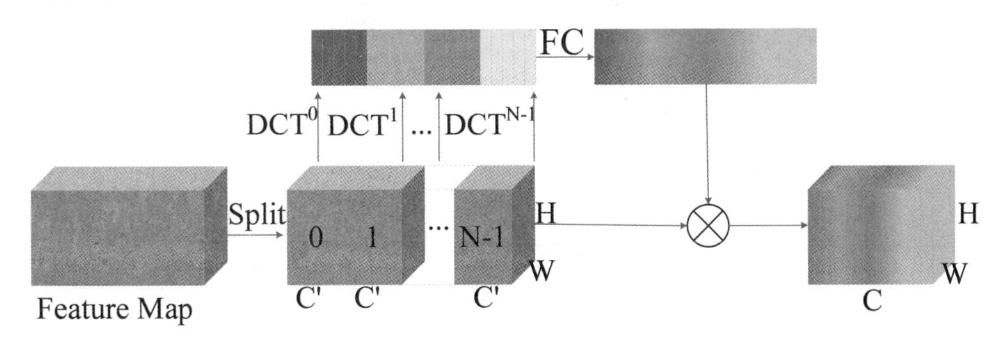

图 7.2　频域通道注意力模块

以上获得的模板图像特征图 $\varphi(z)$ 的尺寸为 $H \times W \times C$,沿着维度的方向,利用两步准则对获得的目标模板特征图进行相应处理,进而让可以获得 n 个频率通道分量 $\varphi(z^i) \in H \times W \times C'$, $i \in \{0,1,\cdots,n-1\}$,其中 $C' = \dfrac{C}{n}$ 。由于频率通道注意力模块属于特殊的离散余弦变换(Discrete Cosine Transform,DCT),因此使用 DCT 分量 B 对每个频率通道分量进行预处理得到:

$$\varphi(z^i) = DCT^{u,v}(z^i) = \sum_{h=0}^{H-1}\sum_{w=0}^{W-1} z^i_{:,h,w} B^{u_i,v_i}_{h,w},\ s.t.\ i \in \{0,1,\cdots,n-1\} \tag{7.2}$$

其中 $[u_i, v_i]$ 是2D 频率通道分量的索引。使用全连接层、ReLu 激活层和 sigmoid 函数将所有的频率通道分量连接形成最终的注意力向量:

$$\Phi(z) = Sigmoid(fc(\varphi(z^i))). \tag{7.3}$$

7.2.4 区域建议子网络

在上节中得到了特征增强后的模板特征图 $\Phi(z)$,将它与搜索特征图 $\varphi(x)$ 输入区域建议网络(Region Proposal Network,PRN),选用 k 个候选框对目标位置进行预测。RPN 由分类和回归两条分支组成。在分类分支中,由于模板特征图中包含了前景信息和背景信息,因此模板特征图大小经过卷积层后变为了 $H \times W \times (2k \times C)$;在回归分支中,由于模板特征图中包含了目标的位置信息,因此模板特征图经过卷积层后尺寸变为了 $H \times W \times (4k \times C)$,分别用 $\Phi(z)_{cls}$ 和 $\Phi(z)_{reg}$ 表示 $\Phi(z)$ 在两条分支上的变量。搜索特征图在两条分支上的变量分别表示为 $\varphi(x)_{cls}$ 和 $\varphi(x)_{reg}$,但是特征图的通道数保持改变。

在分类分支与回归分支上分别进行互相关操作:

$$\begin{aligned} R^{cls}_{W\times H\times(2k\times C)} &= \Phi(z)_{cls} * \varphi(x)_{cls} \\ R^{reg}_{W\times H\times(4k\times C)} &= \Phi(z)_{reg} * \varphi(x)_{reg}, \end{aligned} \tag{7.4}$$

其中,* 表示卷积运算。$R^{cls}_{W\times H\times(2k\times C)}$ 中包含了 $2k \times C$ 个通道数,利用交叉熵 Softmax 损失函数进行背景与前景的分类,$R^{reg}_{W\times H\times(4k\times C)}$ 中包含了 $4k \times C$ 个通道数,利用光滑 L_1 损失函数进行归一化。最终的损失函数被表示为:

$$loss = L_{cls} + \lambda L_{reg}, \tag{7.5}$$

其中,λ 是平衡两个分支损失的超参数。

7.3 实验结果与分析

在本节中,使用 OTB2013、OTB2015 数据集和 VOT2016 等数据集对本章所提出的算法进行性能评估,跟踪算法在 Pytorch 深度学习框架上使用 Python 语言实现,编程使用的集成开发环境 Pycharm 实现。整个实验在 AMD 12 核 CPU (3.00GHz)、32GB RAM 和单个 Intel GeForce RTX 3090 GPU 的 PC 机上运行测试。

7.3.1 OTB 实验结果

(1)与主流算法对比的综合表现。本章中提出的跟踪算法在 OTB 数据集上与多种先进的跟踪算法进行对比,对比算法包括:C - COT[5]、UDT[6]、MemTrack[7]、MLDF[8]、DSLT[9]、CSR - DCF[10]、DAT[11]、SiamFC[12]、SiamRPN[13]、BACF、LDES、DCFNet、LMCF 等。图 7.3 和图 7.4 分别展示了 8 种算法在 OTB2013 数据集和 OTB2015 数据集上的成功率和准确率对比图。实验结果表明,SiamCA 算法相比于基准算法 SiamRPN,在 OTB2015 数据集上取得了 63.3% 的成功率和 84.7% 的准确率,取得了较好的跟踪性能。

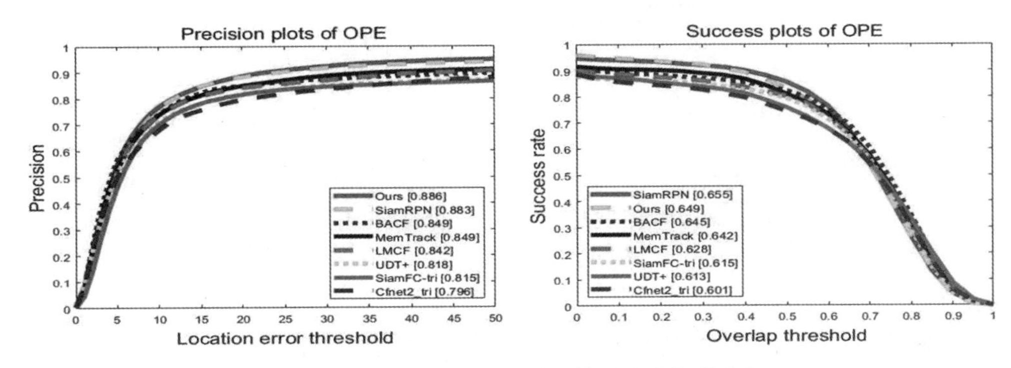

图 7.3　在 OTB2013 数据集上的精确率和成功率

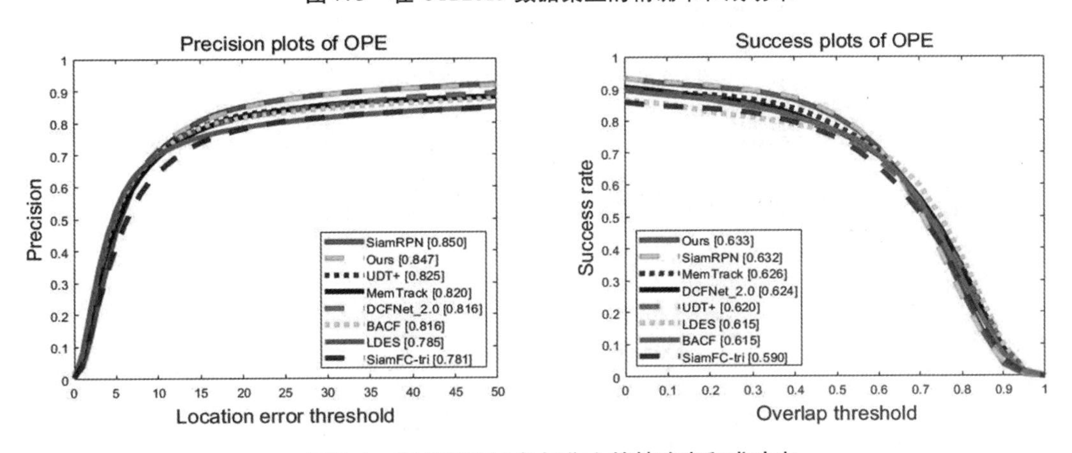

图 7.4　在 OTB2015 数据集上的精确率和成功率

(2)在不同属性下的跟踪性能对比。为了更好地分析本章所提出的算法在不同方面上的性能,本节将提出的 SiamCA 算法与其他 7 种跟踪算法在 OTB2015 数据集的 11 种不同属性上进行实验对比。图 7.5 显示了 SiamCA 算法在背景复杂(Background Clutter,BC)、光照变化(Illumination Variation,IV)、平面内旋转(In - Plane Rotation,IPR)、尺度变化(Scale Variation,SV)4 种挑战属性上排名第 1,图 7.6 显示了 SiamCA 算法在平面外旋转(Out - of - Plane Rotation,OPR)、形变(Deformation,DEF)两种挑战属性上排名第 2。然而 SiamCA 算法在快速运动(Fast Motion,FM)、遮挡(Occlusion,OCC)两种属性下跟踪性能表现不佳。综上所述,SiamCA 算法可以有效处理背景复杂、光照变化等情况,而由于在通道维度进行了信息压缩损失了目标特征的空间信息,因此在处理遮挡等情况下无法得到较好的性能。

(3)实验结果分析。为了直观的展示所提的算法在实际应用上的效果,本章从 OTB 数

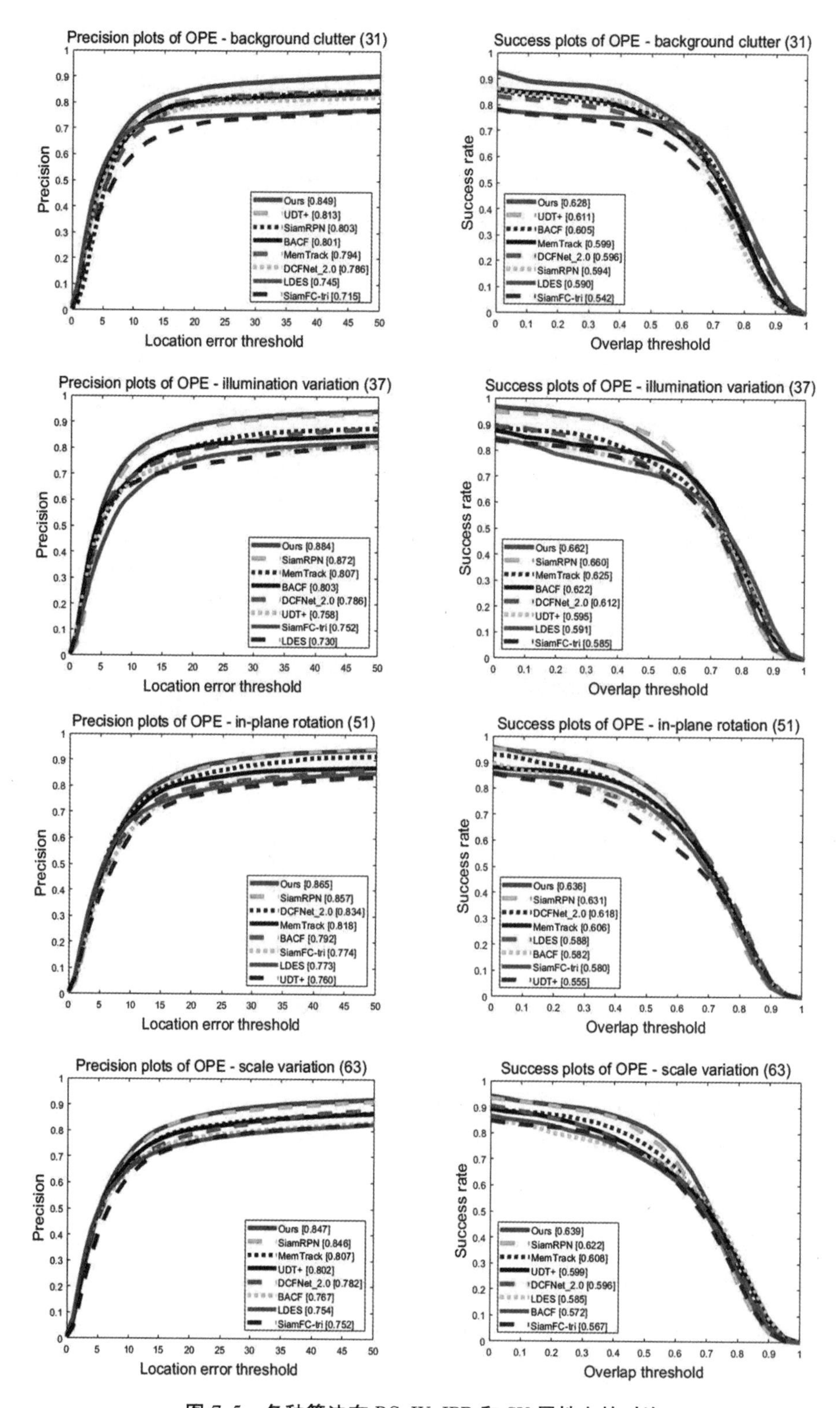

图 7.5　各种算法在 BC、IV、IPR 和 SV 属性上的对比

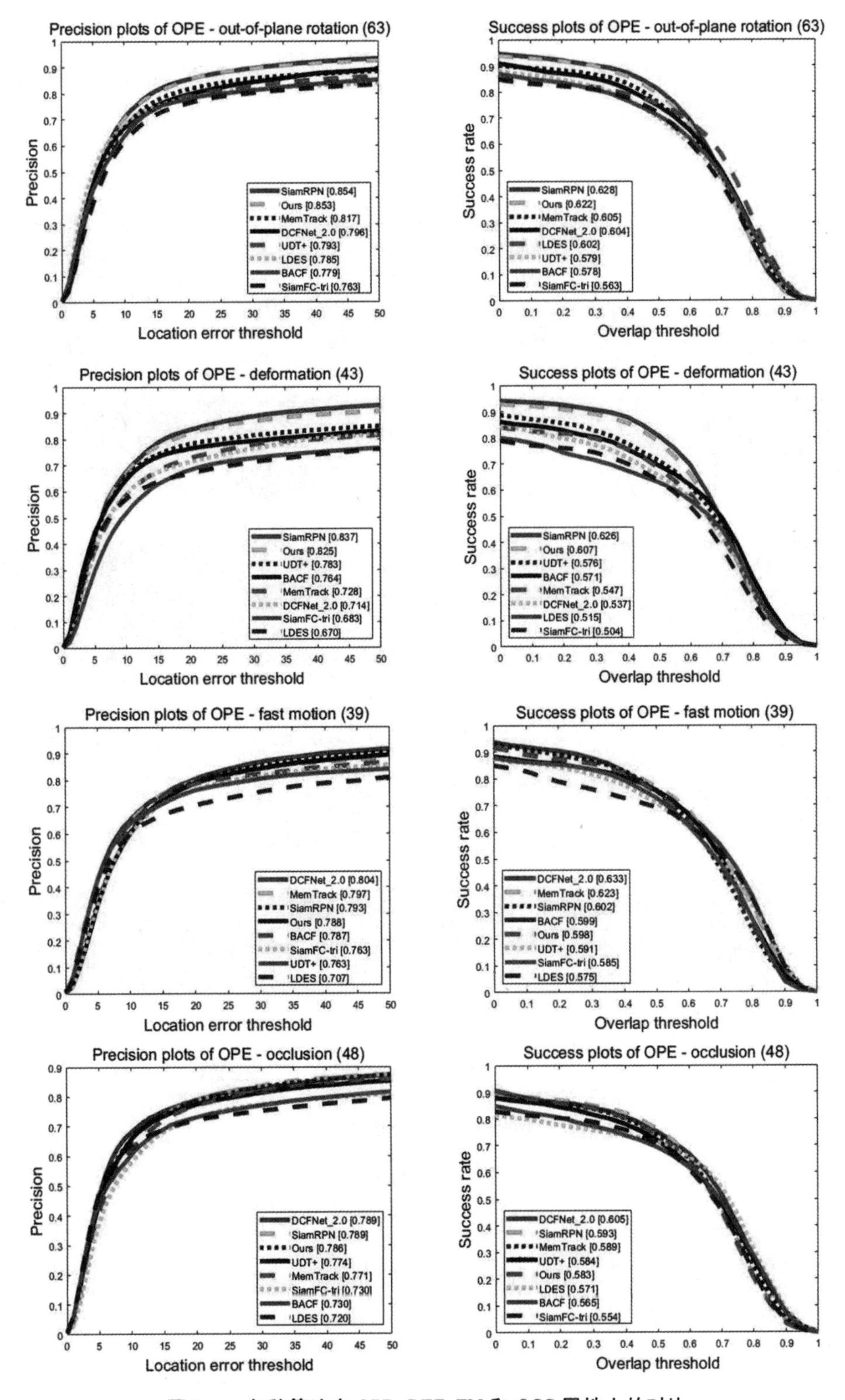

图7.6　各种算法在OPR、DEF、FM和OCC属性上的对比

据集上选取了 5 个具有代表性的视频序列，分别是 carDark_1、Football1_1、shaking_1、couple_1、soccer_1，这 5 个视频序列包含了九种属性。本章选取了基准算法 SiamRPN、排名第三的算法 UDT+以及真实数据 Ground_truth 与所提出的算法进行对比，不同的算法使用了不同颜色的预测边界框进行表示。

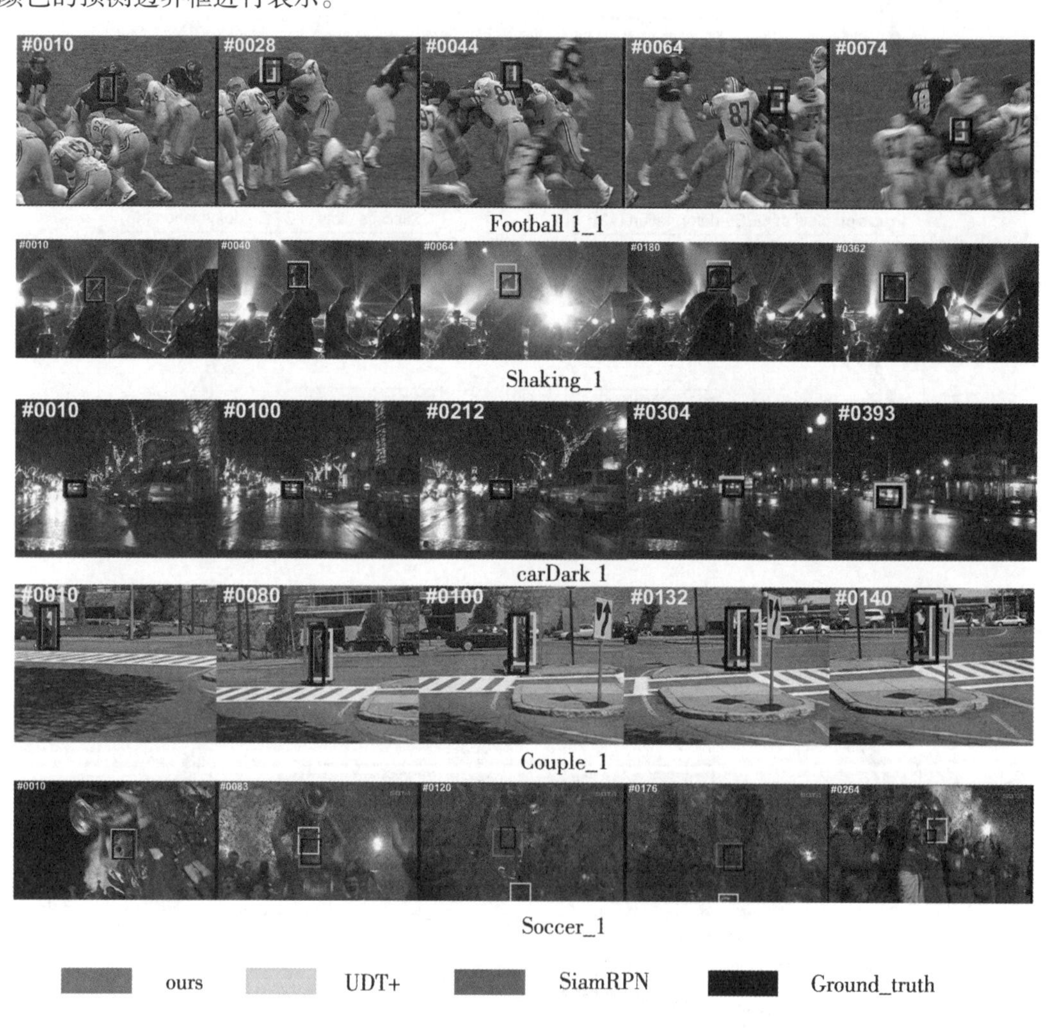

图 7.7 定性分析效果

carDark_1 视频序列具有光照变化（IV）和背景复杂（BC）两种属性，在跟踪过程中，由于光照干扰信息过多，目标车辆与背景的区分性不高，导致 SiamRPN 算法在第 304 帧开始产生跟踪漂移，最终导致跟踪失败；Football1_1 视频序列相较于 carDark_1 除了具有 BC 属性之外，还具有旋转（IPR、OPR）属性，从图 7.7 中可以看出在第 64 帧球员们发生激烈碰撞时，由于目标发生了旋转，且背景颜色与目标球员颜色相近，SiamRPN 算法产生了一定距离的跟踪偏移；shaking_1 视频序列具有尺度变化（SV）属性，在跟踪过程中由于目标姿态发生了变化且光照明暗变化，导致 UDT+算法在跟踪过程中出现了偏移的现象；couple_1 视频序列具有形变(DEF)、快速运动(FM)两种属性,在跟踪过程中,随着目标对象的走动发生了非刚性的形变,且其他目标的存在对跟踪过程造成了一定的干扰,因此在第132帧三种算法都产生了一定的偏移;soccer_1视频序列具有遮挡(OCC)、运动模糊(MB)两种属性,从图7.7中可以看到在第83帧目标对象在运动模糊时,SiamRPN算法和UDT+算法都出现了跟踪偏移现象,第120帧随着背景干扰信号的增加,此时两个对比算法出现了较大的跟踪偏移。而在第264帧中实验结果明确地显示出了SiamRPN算法和UDT+算法的跟踪失败。在上述五种视频序列中,本章所提出的算法都表现出了较好的跟踪效果,体现了SiamCA算法强有力的跟踪性能。

7.3.2　VOT实验结果

本节选取了VOT2016数据集作为性能评估基准集,并选取了VOT2016官方网站上提供的一些先进的算法在该数据集上的实验结果进行对比,实验结果如表7.1所示,使用红色、蓝色和绿色表示三个最好的跟踪效果。算法排名以平均重叠期望EAO为主,本章所提出的算法相比于基准算法SiamRPN,提升了3.4%的准确率、提升了6%的鲁棒性。这是由于SiamCA算法利用了特征图在不同通道上的相关性进行表观建模,增强了跟踪器的判别能力,进而提升了跟踪器的准确率和鲁棒性。与其他先进的算法做对比,实验结果显示本章所提出的算法在EAO和A上取得了较好的跟踪性能,总体性能展示出了优越的跟踪效果。

7.3.3　消融实验

全卷积网络在对特征图中像素点进行分类时,忽略了不同像素之间的相关性。本章提出了一种将特征提取网络与通道注意力模块相结合的算法,进一步提升网络模型的判别能力。将特征图映射到频率上,并划分为不同的频率组合。由于在特征映射过程中,不同的通道包含了不同的对象,通过选择性能较好的频率通道进行学习得到相对应的权值,并对特征图进行加权融合,实现提升模型判别能力的目的。

为了进一步分析算法框架中通道注意力模块对提升特征提取网络判别性的有效性,本章将通道注意力模块与全卷积网络中的不同卷积层组合生成不同的网络模型,并对这些网络模型进行训练。本章使用了SiamRPN作为基准算法,该算法使用了ImageNet对网络模型进行了预训练。本章所提算法使用GOT-10k数据集对特征提取网络进行预训练。在OTB2015数据集上进行消融实验,通过使用OTB数据集成功率和准确率两个评价指标来对比不同的网络模型性能,结果如表7.2所示。

表7.2展示了通道注意力对不同卷积层的作用,通过对大量实验数据进行分析可知,当对模板分支在通道维度进行权重自适应地重校准之后,训练得到的网络模型实现了最佳的跟踪性能。

表 7.1　VOT2016 数据集上各种算法的比较

Trackers	EAO	A	R
C - COT	0.331	0.539	0.238
UDT	0.226	0.532	-
MemTrack	0.273	0.533	-
MLDF	0.311	0.490	0.233
DSLT	0.332	-	-
CSR - DCF	0.338	0.510	-
DAT	0.320	0.458	0.480
SiamFC	0.233	0.523	0.460
SiamRPN	0.3441	0.560	0.318
SiamCA	0.3632	0.594	0.258

表 7.2　在 OTB2015 数据集上的消融实验

Backbone	ImageNet	GOT - 10k	Success	Precision
AlexNet(baseline)		×	0.632	0.850
AlexNet + channel(Conv2)		√	0.557	0.748
AlexNet + channel(Conv3)		√	0.577	0.784
AlexNet + channel(Conv4)		√	0.558	0.764
AlexNet + channel(Independent)		√	0.637	0.853

7.4　本章小结

本章提出了一种基于频域通道注意力机制的目标跟踪算法，在通道维度中，利用注意力模块对目标特征信息进行增强。首先利用孪生神经网络框架对输入的图像进行特征提取，然后在通道维度上利用通道之间的相关性，学习得到通道权重并融合到特征提取网络中。模板特征图在经过加权融合后，增强了网络模型的判别能力，减小了背景信息对跟踪的干扰。而后使用区域建议网络对模板特征图和搜索特征图进行分类和回归的响应计算。在 OTB 数据集和 VOT 数据集上对所提出的算法进行了性能评估，实验结果表明本章提出的 SiamCA 跟踪算法取得了优越的跟踪效果。

参考文献

[1]Dalal N, Triggs B. Histograms of oriented gradients for human detection[C]. IEEE Computer Society Conference on Computer Vision and Pattern Recognition, 2005: 886 – 893.

[2]Noor K, Siddiquee E A, Sarma D, et al. Performance analysis of a surveillance system to detect and track vehicles using Haar cascaded classifiers and optical flow method[C]. IEEE Conference on Industrial Electronics and Applications 2017: 258 – 263.

[3]Tao R, Gavves E, Smeulders A W. Siamese instance search for tracking[C]. IEEE Conference on Computer Vision and Pattern Recognition, 2016: 1420 – 1429.

[4]Jun Wang, Peiyun Zhang, Chenchen Meng, Limin Zhang, Yuanyun Wang, Learning Channel Attention in Frequency Domain for Visual Tracking[C], International Conference on Information Technology and Biomedical Engineering, 2021, pp. 115 – 119.

[5]Danelljan M, Robinson A, Shahbaz Khan F, et al. Beyond correlation filters: Learning continuous convolution operators for visual tracking[C]. European Conference on Computer Vision, 2016: 472 – 488.

[6]Wang N, Song Y, Ma C, et al. Unsupervised deep tracking[C]. Conference on Computer Vision and Pattern Recognition, 2019: 1308 – 1317.

[7]Yang T, Chan A B. Learning dynamic memory networks for object tracking[C]. European Conference on Computer Vision, 2018: 152 – 167.

[8]Yang L, Wu X – Z, Jiang Y, et al. Multi – label learning with deep forest[J]. ArXiv preprint arXiv:1911.06557, 2019.

[9]Lu X, Ma C, Ni B, et al. Deep regression tracking with shrinkage loss[C]. European Conference on Computer Vision, 2018: 353 – 369.

[10]Lukezic A, Vojir T, ˇCehovin Zajc L, et al. Discriminative correlation filter with channel and spatial reliability[C]. IEEE Conference on Computer Vision and Pattern Recognition, 2017: 6309 – 6318.

[11]Pu S, Song Y, Ma C, et al. Deep attentive tracking via reciprocative learning[J]. Advances In Neural Information Processing Systems, 2018, 31: 1931 – 1941.

[12]Bertinetto L, Valmadre J, Henriques J F, et al. Fully – convolutional siamese networks for object tracking[C]. European Conference on Computer Vision, 2016: 850 – 865.

[13]Li B, Yan J, Wu W, et al. High performance visual tracking with siamese region proposal network[C]. IEEE Conference on Computer Vision and Pattern Recognition, 2018: 8971-8980.

第 8 章　基于稀疏卷积与通道空间注意力的目标跟踪

8.1　概述

近年来,许多学者使用了深度学习的方法对视频序列中的目标进行跟踪。相比于传统目标跟踪算法,基于深度学习的目标跟踪算法利用其端到端的学习框架,降低了计算的复杂程度,提升了算法的鲁棒性。然而,在实际应用场景中仍然存在着诸多挑战,限制了深度学习跟踪算法的性能。

在第七章中,提出了一种基于频率通道注意力机制的目标跟踪算法。该算法利用特征图在不同通道上的重要性以及通道之间的相关性,通过学习得到一组动态权重系数。在跟踪阶段,对模板特征图进行加权融合,增强模型的判别能力,提升算法的精确度和准确率。然而,利用通道注意力模块进行特征增强时通常采用信息压缩的方式,这将导致模板图像的空间信息丢失,跟踪算法在快速运动等情况下无法有效的预测目标位置。此外,传统孪生网络的目标跟踪算法在存在遮挡、相似性目标等问题的场景中,无法取得有效的跟踪结果。

在使用大量样本对深度神经网络进行训练时,不同卷积层的输入数据分布会随着参数的更新而发生变化。这种现象称之为内部协变量偏移,它将导致减缓模型的训练速度。Ioffe 等[1]提出了一个批量归一化的方法,该方法使用均值为 0,方差为 1 的正态分布对输入数据进行转化,减缓内部协变量偏移对模型的影响,加快网络模型的训练速度,提升卷积层的泛化能力。然而批量归一化在批量尺寸较小的情况下并不能很好的发挥它的功能。

针对上述问题,在本章中提出了一种基于稀疏卷积的通道空间目标跟踪算法。该算法将通道维度和空间维度相结合,将模板特征图划分为不同的神经元,利用不同神经元的重要性和神经元之间的相关性,在 3D 维度上构建注意力模型,并将其与模板特征相融合。这一步操作有利于增强算法的判别能力。此外,该算法使用了稀疏可切换归一化函数。该函数结合了批量归一化、层归一化、实例归一化三种归一化方法，在跟踪过程中，为每一个卷积层选择一个归一化器，进一步提升卷积层的泛化能力。由于稀疏可切换归一化函数使用了稀疏表示方法，对低于阈值的输出数据分配零概率，通过降低计算负担进一步提升了跟踪算法的速度。本章第二节给出了基于稀疏卷积的通道空间目标跟踪框架，并详细介绍了基于稀疏卷积的通道空间目标跟踪方法；第三节对所提出的算法进行实验验证和分析；第四节对本章内容进行总结。

8.2 基于稀疏卷积与通道空间注意力的目标跟踪算法

8.2.1 算法框架及思路

通道注意力模块对模板特征图进行特征增强时通常采用信息压缩的方式将多维空间转化到二维坐标，这将导致模板图像的空间信息丢失，跟踪算法在快速运动、遮挡等情况下无法有效地预测目标位置。

本章所提算法框架如图 8.1 所示，目标跟踪过程可分为图像输入、特征提取、分类和回归四个部分。算法的基础框架使用了孪生神经网络结构，将携带有目标信息的模板图像和搜索图像分别输入模板分支和搜索分支。特征提取网络主要由稀疏可切换归一化、批量归一化、通道空间注意力模块组成。为了进一步提升模型的泛化能力和判别能力，本章算法在使用轻量级网络模型对输入图像进行特征提取时，对第四层特征图进行了稀疏可切换归一化处理。在 3D 维度，对处理后的特征图进行了权重融合，该操作有效地抑制了背景信息的干扰，增强了目标信息。最后，使用区域建议网络对模板特征图和搜索特征图分别在分类分支和回归分支进行了卷积操作，通过卷积计算得到目标的预测位置信息和尺寸，并在搜索图像上使用边界框进行标示。

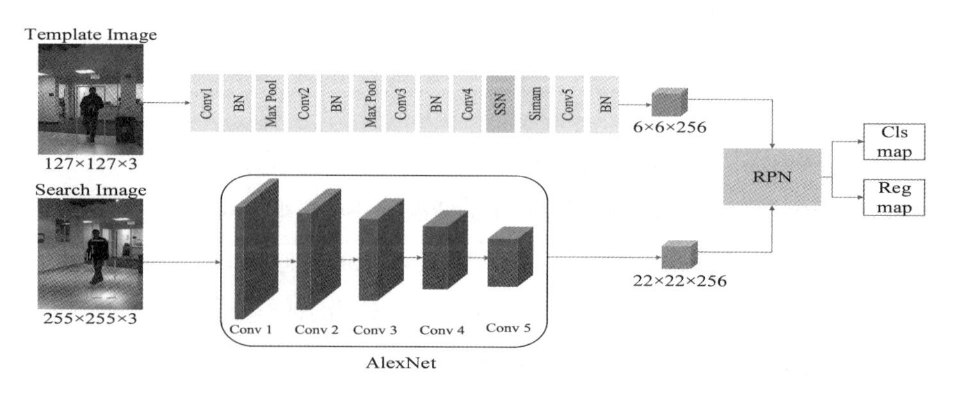

图 8.1 基于稀疏卷积的通道空间注意力目标跟踪算法

8.2.2　通道空间注意力

在第七章中提出了一个基于频率通道注意力机制的目标跟踪方法,该模型通过评估提取的特征图各通道之间重要性的排序,从而赋予相对应的权重,以此来达到增强目标的表观模型。但是仅从通道维度对特征信息进行优化处理,使得模型输入样本的空间信息缺失,导致模型在快速运动、遮挡等复杂情况下跟踪失败。因此在本章中联合空间维度和通道维度,将提取的特征图分解为单个神经元,并依据这些神经元的重要性推理出相对应的3D权重。如图8.2所示。

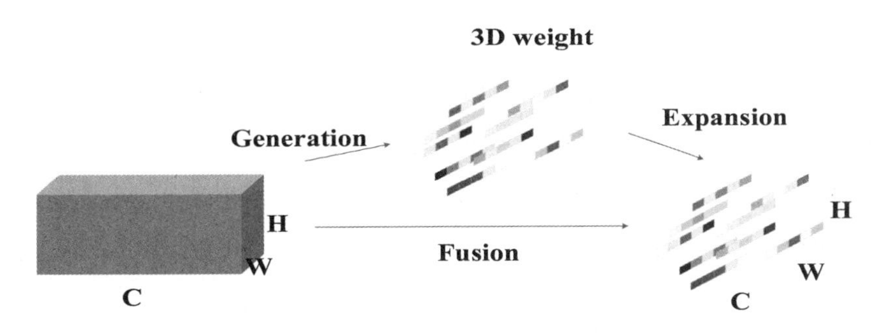

图8.2　通道空间注意力示意图

为了获得更加有效的3D权重,本章使用了一个加权函数进行推导。在视觉神经科学中,负载信息量最大的神经元通常在放电模式上与周围神经元表现不同,而活跃的神经元通常可能抑制周围神经元的活动,该现象被称为空间抑制[2]。受到该理论的启发,我们将特征图分解为单个神经元,并将包含了目标信息的神经元类比于视觉神经科学中信息量最大的神经元或活跃的神经元。依据空间抑制的原理,测量特征图上的不同神经元之间的线性可分离性,并对测量结果进行排序。依据排序结果,对排名靠前的神经元进行权重赋值,以此来达到特征信息增强的目的。我们对每个神经元定义了一个加权函数:

$$e_t(w_t,b_t,y,x_i)=(y_t-\hat{t})^2+\frac{1}{M-1}\sum_{i=1}^{M-1}(y_o-\hat{x}_i)^2, \tag{8.1}$$

其中,$\hat{t}=w_t t+b_t$ 和 $\hat{x}_i=w_t x_i+b_t$ 是 t 和 x_i 的线性变换,t 和 x_i 是输入特征 $x\in\mathbb{R}^{C\times H\times W}$ 的单个通道中的目标神经元和其他神经元。i 是空间维度上的索引,$M=H\times W$ 是该通道上的神经元数量。w_t 和 b_t 是变换的权重和偏移量。等式(8.1)中的所有值都是标量。当 $\hat{t}$ 等于 y_t 并且所有其他 $\hat{x}_i$ 都是 y_0 时,等式(8.1)达到最小值,其中 y_t 和 y_0 是两个不同的值。通过最小化该方程,等式(8.1)等价于找到目标神经元 t 与同一通道中的所有其他神经元之间的线性可分性。为简单起见,对 y_t 和 y_0 采用二元标号(即1和-1),并在等式(8.1)中加入正则化。最终加权函数由下式给出:

$$e_t(w_t,b_t,y,x_i)=\frac{1}{M-1}\sum_{i=1}^{M-1}(-1-(w_t x_i+b_t))^2+(1-(w_t t+b_t))^2+\lambda w_t^2. \tag{8.2}$$

每个通道有 M 个加权函数,而使用 SGD 等迭代器对式(8.2)进行求解时,计算量很大。利用一个关于 w_t 和 b_t 的快速闭合解, w_t 和 b_t 通过公式(8.3)和公式(8.4)获得:

$$w_t = -\frac{2(t-\mu_t)}{(t-\mu_t)^2 + 2\sigma_t^2 + 2\lambda}, \tag{8.3}$$

$$b_t = -\frac{1}{2}(t+\mu_t)w_t, \tag{8.4}$$

其中 $\mu = \frac{1}{M}\sum_{i=1}^{M} x_i$ 和 $\sigma^2 = \frac{1}{M}\sum_{i=1}^{M}(x_i - \mu)^2$ 是计算该通道中除 t 以外所有神经元的平均值和方差。

Hariharan 等[3]提出了一个假设,当公式(8.3)和公式(8.4)中的解是从单个通道上获取时,可以合理地假设这个通道中的所有像素遵循相同的分布。依据这个假设,通过计算单个神经元的均值和方差,并将其应用于该通道上的所有神经元。这将在一定程度上降低算法的计算成本,避免重复计算每个位置的 μ 和 σ 。

因此,最小能量的计算公式如下所示:

$$e_t^* = \frac{4(\hat{\sigma}^2 + \lambda)}{(t-\hat{\mu})^2 + 2\hat{\sigma}^2 + 2\lambda}, \tag{8.5}$$

其中 $\hat{\mu} = \frac{1}{M}\sum_{i=1}^{M} x_i$ 和 $\hat{\sigma}^2 = \frac{1}{M}\sum_{i=1}^{M}(x_i - \hat{\mu})^2$,式(8.5)表示当神经元的能量 e_t^* 越低时,神经元 t 与周围神经元的区别越明显,更有利于视觉处理。因此,每个神经元的重要性可以通过 $\frac{1}{e_t^*}$ 得到。Aubry 等[4]研究了语义部分匹配的类似功能,但他们的方法需要计算较大的协方差矩阵,不适合深度神经网络。与 Pt3D[4]不同的是,本章对单个神经元进行操作,并将这种线性可分离性集成到端到端框架中。

利用 Hillyard 等[5]的增益效应理论,本章使用缩放操作进行特征优化。模块的优化可用下式进行表示:

$$\tilde{X} = Sigmoid\left(\frac{1}{E}\right) \odot X, \tag{8.6}$$

其中,E 表示对通道和空间维度的所有 e_t^* 进行分组。Sigmoid 函数可以有效地限制 E 中过大的值。

8.2.3 稀疏可切换归一化

(1)最大稀疏变换。由于 Softmax 变换是一个简单的计算与判别过程,Softmax 变换是部分统计学习模型中的关键组成部分,例如多项 Logistic 回归[6]、强化学习中的动作选择[7]、用于多类分类的神经网络[8]以及神经网络中的注意机制[9]等。

Softmax 变换通过取对数的方法将输出转化为负对数似然损失函数,该过程用以下公式进行表达：

$$softmax_i(z) = \frac{\exp(z_i)}{\sum_j \exp(z_j)}, \tag{8.7}$$

其中 z 为一个向量，z_i 和 z_j 是其中的一个元素。Softmax 变换一般作为神经网络的最后一层，接受来自上一层网络的输入值，然后将其转化为概率。但是由于 Softmax 变换对于生成的概率分布始终具有完全支持，即对于每个 z 和 i ，$softmax_i(z) \neq 0$ 。这在需要稀疏概率分布的应用中是一个缺点，在这种情况下，通常定义一个阈值，低于该阈值小概率值被截断为零。

Martins 和 Astudillo 等提出了一种 Softmax 变换的替代方案——稀疏极大变换[10]（SparseMax），该变换可以返回稀疏的后验分布，即可以为它的一些输出变量分配零概率。这一特性使其非常适合用作大型输出空间的过滤器、预测多个标签，或者用作标识一组变量中哪些变量可能与决策相关的组件，从而使模型更易于解释。SparseMax 变换是在 Δ^d 上倾向于产生稀疏概率分布：

$$sparsemax(z) := \underset{p \in \Delta^{K-1}}{argmin} \| p - z \|^2, \tag{8.8}$$

其中预测分布 $p^\star := sparsemax(z)$ 很可能将零概率分配给低分选择。他们还提出了相对应的损失函数来替代负对数似然损失 $L_{softmax}$ ：

$$L_{sparsemax}(y,z) := \frac{1}{2}(\| e_y - z \|^2 - \| p^\star - z \|^2), \tag{8.9}$$

该函数在 z 上是光滑和凸的，并且有边距：当且仅当 $z_y \geq z_{y'} + 1$ 和 $y' \neq y$ 时 $L_{sparsemax}(y,z) = 0$ 。训练具有 SparseMax 损失函数的模型需要该模型的梯度为：

$$\nabla_z L_{sparsemax}(y,z) = -e_y + p^\star. \tag{8.10}$$

由于在注意力机制中使用了稀疏极大映射，Martins 和 Astudillo 等证明了式在任何地方几乎都是可微的：

$$\frac{\partial sparsemax(z)}{\partial z} = diag(s) - \frac{1}{\| s \|_1} s s^\star, \tag{8.11}$$

其中，当 $p_j^\star > 0$ 时 $s_j = 1$ ，否则 $s_j = 0$ 。

（2）稀疏可切换归一化。近几年，越来越多的研究者将深度神经网络应用到目标跟踪领域。基于深度神经网络的目标跟踪模型主要分为训练和测试两部分。训练深度神经网络的难点在于，每一层输入的数据分布在训练过程中会随着前一层的参数变化而变化。使用归一化方法能有效地改进卷积网络的优化和泛化能力，不同的归一化方法具有不同的属性。Ioffe 等[1]提出了一种批量归一化（Batch Normalization，BN）的方法，通过将批量归一化作为网络模型的一部分，并对每个小批量的训练数据执行归一化操作。该方法有效地减少了前馈神经网络的训练时间，然而批量归一化的效果取决于最小批量的大小。随着批量尺寸的减小,BN 的误差会随之增加。此外,批量归一化方法的有效性在在线学习任务上或小批量尺寸很小的大型分布式模型上受到限制。

Ba 等[11]通过计算用于归一化的均值和方差,将批量归一化转化为了层归一化(Layer Normalization,LN)。与批量归一化不同,层归一化通过直接估计卷积层中所有神经元的归一化数据。层归一化可以对隐藏层中的神经元进行归一化计算,因此层归一化对循环网络中的隐藏状态有着明显的效果。Wu 等[12]提出了组归一化(Group Normalization,GN)。GN 将通道分成不同的组,并对每个组进行了方差与均值的计算。GN 计算的影响因素与批次尺寸无关,因此 GN 在不同尺寸的批次中都发挥着稳定的归一化作用。现有的部分模型往往在整个网络的所有归一化层中使用相同的规格化程序,从而呈现出次优的性能。

Luo 等[13]提出了可切换归一化(Switchable Normalization,SN),SN 结合了批量归一化、层归一化和组归一化三种方法,通过学习为深度神经网络不同的卷积层层选择相对应的归一化方法。然而,SN 使用 softmax 函数学习重要性比率来组合归一化方法时,与单个归一化器相比存在着计算冗余的现象。针对这个问题,Shao 等[14]提出了稀疏可切换归一化(Sparse Switchable Normalization,SNN):

$$\hat{h}_{ncij} = \gamma \frac{h_{ncij} - \sum_{k=1}^{|\Omega|} p_k \mu_k}{\sqrt{\sum_{k=1}^{|\Omega|} p_k^{'} \sigma_k^2 + \delta}} + \beta, \tag{8.12}$$

$$\text{s.t.} \quad \sum_{k=1}^{|\Omega|} p_k = 1, \quad \sum_{k=1}^{|\Omega|} p_k^{'} = 1, \quad \forall p_k, p_k^{'} \in \{0,1\}$$

其中 h_{ncij} 和 $\hat{h}_{ncij}$ 分别表示归一化之前和之后的隐藏像素。下标表示小批量中第 n 个样本的第 c 个通道中的像素 (i,j) 。γ 表示为一个缩放参数,β 表示为一个移位参数。$\Omega = \{IN,BN,LN\}$ 是一组归一化器。μ_k 和 σ_k^2 分别是均值和方差,其中 $k \in \{1,2,3\}$ 对应于不同的归一化方法。此外,p_k 和 $p_k^{'}$ 分别表示为均值和方差的重要性比率,$p = (p_1,p_2,p_3)$ 和 $p^{'} = (p_1^{'},p_2^{'},p_3^{'})$ 分别表示为两个比率向量。

SSN 从每个卷积层的一组归一化方法中选择一个归一化进行学习。此外,SSN 使用了一种新的 SparsestMax 函数对模型进行训练。该函数将稀疏优化问题转化为了深度网络的前向反馈计算,使得自动微分适用于大多数流行的深度学习框架来训练以端到端的方式具有稀疏约束的深度网络模型。该函数是 softmax 函数的一个稀疏版本:

$$SparsestMax(z;r) := \underset{p \in \Delta_r^{K-1}}{argmin} \| p - z \|_2^2, \tag{8.13}$$

其中 $\Delta_r^{K-1} := \{p \in \mathbb{R}^K \mid 1^T p = 1, \| p - u \|_2 \geq r, p \geq 0\}$ 是一个具有圆形约束 $\| p - u \|_2$

$\geq r, 1^T p = 1$ 的单形，$u = \frac{1}{K}1$ 是单形的中心，1 是一个向量，r 是圆的半径。与 sparsemax 函数相比，SparsestMax 函数引入了一个圆形约束，且 SparsestMax 的解空间为从单纯形中排除的一个以圆心为 u，半径为 r 的圆形。为了满足完全稀疏的要求，在训练阶段，半径 r 将从零线性增加到 r_c，r_c 是单纯形的外接圆半径。当 $r \leq \| p_0 - u \|_2$ 时，p_0 是 sparsemax 的输出，也是公式(8.13)的解。当 $r = r_c$ 时，公式(8.13)的解空间仅包含单纯形的 K 个顶点，使得 $SparsestMax(z;r)$ 完全稀疏。

8.3　实验结果与分析

8.3.1　实验设置

本章所提及的跟踪算法使用 GOT－10k 对修改后的 AlexNet 进行训练。修改后的 AlexNet 网络前三层卷积层的参数是固定的，仅针对后两个卷积层进行微调操作。模型在训练阶段被执行了 50 个 epoch，学习率在对数空间中从 10^{-2} 下降到 10^{-5}。权重因子 $\hat{\alpha}$ 设为 0.5，每个干扰器的 α_i 设置为 1，增量学习因子 $\beta_t = \sum_{i=0}^{t-1}(\frac{\eta}{1-\eta})^i$，$\eta = 0.01$。在训练阶段，搜索区域的尺寸设置为 255；在测试阶段，由于使用了孪生神经网络，因此将模板图像和搜索图像的大小分别设置为 $127 \times 127 \times 3$ 和 $255 \times 255 \times 3$。整个实验是在配备搭载 AMD 12 核 CPU (3.00GHz)、32GB RAM 和 Intel GeForce RTX 3090 GPU 的 PC 上进行的。

8.3.2　OTB 实验结果

本章选取了 GCT、MCCT－HC、GradNet、ldes、UDTplus、ARCF、MetaCREST、SiamRPN、ACT 九种先进的算法在 OTB 数据集上进行对比。为了全方位地研究 SiamCA 算法，本节从总性能与分属性两个方面对其进行了评估。

(1)与主流算法对比的综合表现。图 8.3 和图 8.4 分别显示了 SiamAS 算法与其他九种先进的算法在 OTB2013 数据集和 OTB2015 数据集上的成功率和精确率。通过图 8.4 可以看到，SiamAS 算法在 OTB2015 数据集的成功率上排名第二，算法性能仅次于 GCT，优于其他八种算法。而在精确率中，SiamAS 算法位于第一，优于其他九种算法，且在实时性上，SiamAS 的 FPS 数值为 106 帧/秒。

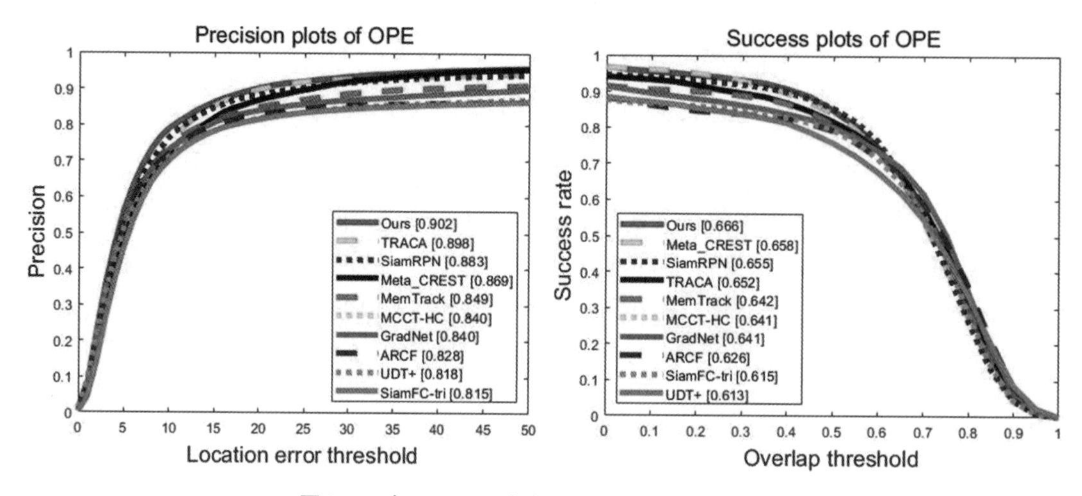

图 8.3　在 OTB2013 数据集上的精确率和成功率

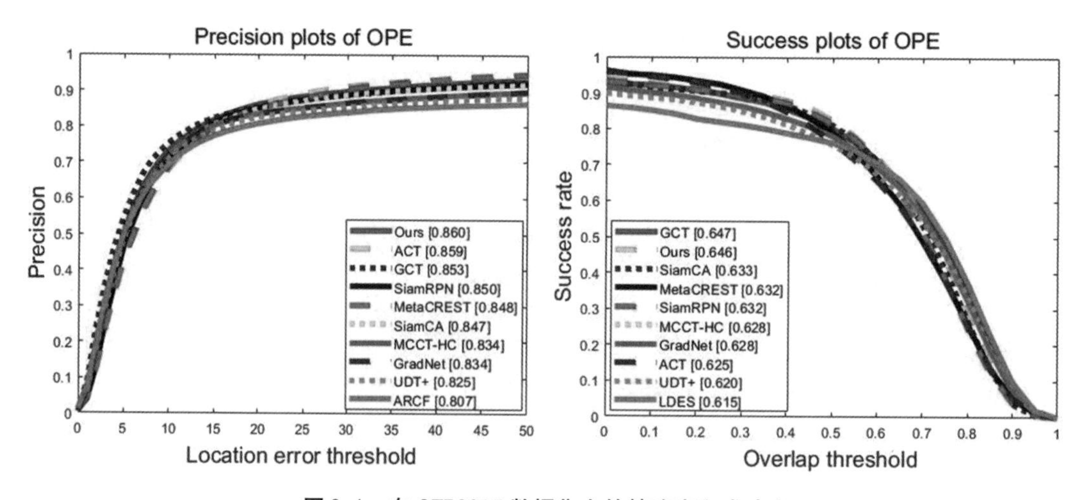

图 8.4　在 OTB2015 数据集上的精确率和成功率

（2）在不同属性下的跟踪性能表现。在 OTB2015 数据集上有 11 种不同的挑战，不同的序列视频包含着不同的挑战。为了评估本章算法在不同挑战下的性能，本章在 OTB2015 数据集上进行了实验，各种算法在八种分属性上的成功率如图 8.5 所示。实验结果表明，SiamAS 算法在处理尺度变化、失去视野等情况时，算法性能明显优于其他九种先进的算法。而在处理遮挡、形变等情况时，算法性能相较于 SiamRPN 有所提升。

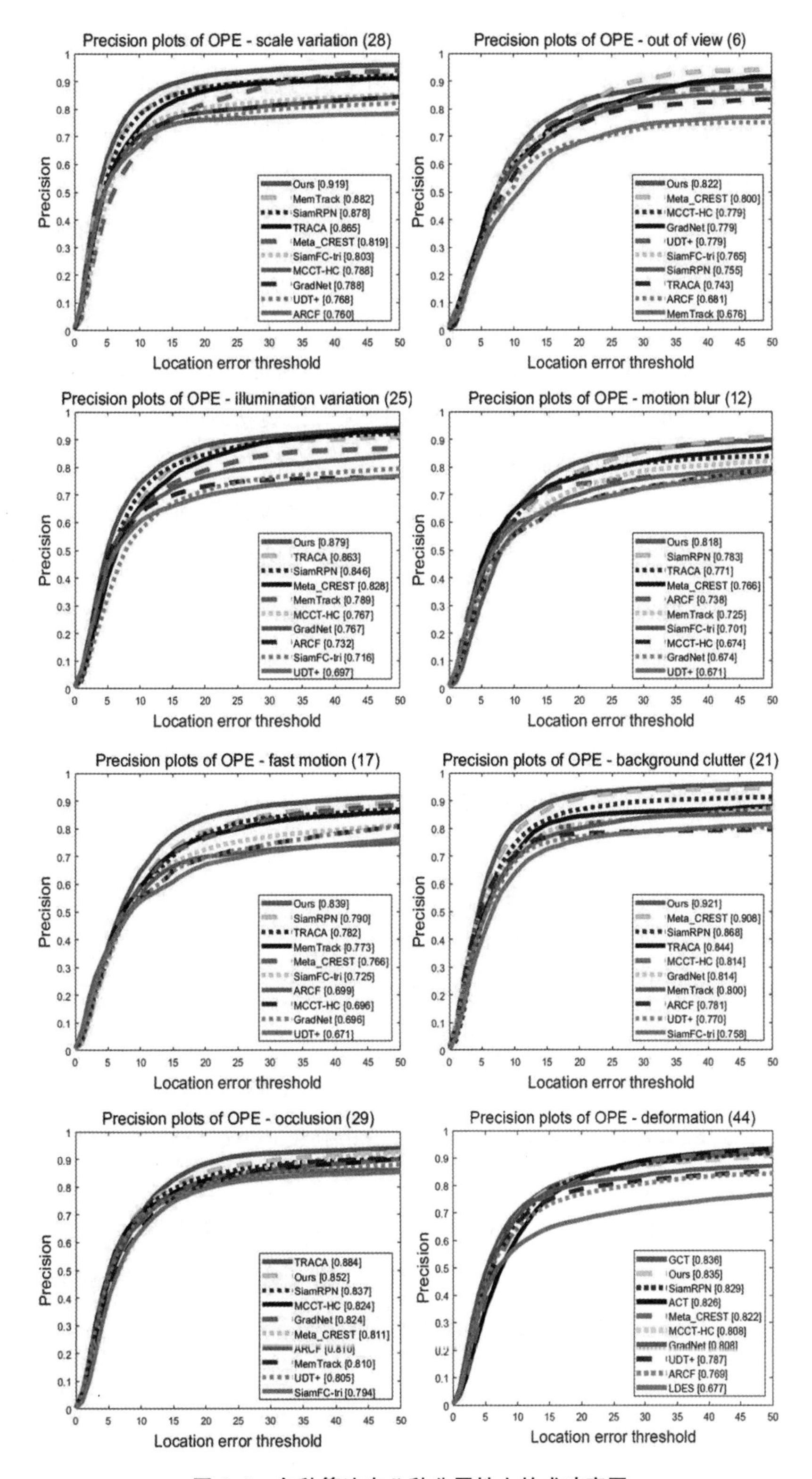

图 8.5　各种算法在八种分属性上的成功率图

(3)实验结果分析。为了更加直观的体现所提算法在处理实际复杂应用场景时的效果,本节选取了 OTB2015 数据集中五个具有代表性的视频(Freeman4_1、MotorRolling_1、Liquor_1、Matrix_1 和 Skating1_1),这五个视频序列几乎涵盖了 OTB 数据集中的 11 种属性的挑战。本章选取了在 OTB2015 数据集上综合排名最好的算法 GCT、基准算法 SiamRPN、真实数据 Ground_truth 以及所提算法 SiamAS 进行对比,不同的算法使用了不同颜色的预测边界框进行表示,如图 8.6 所示。

在 Matrix 和 Liquor 视频序列中主要包含了光照变化、尺度变化、快速运动和背景复杂等属性,相较于其他算法出现了错误跟踪目标等现象,本章所提算法可以始终实现成功预测目标位置。在 MotorRolling 视频序列中,虽然 SiamRPN 算法也实现了成功预测目标位置的目的,然而本章所提算法预测的目标尺寸更贴合于真实数据。Freeman4 和 Skating1 视频序列包含了遮挡属性,而本章算法在两个视频序列中都精准地实现了预测目标位置的目的。因此,本章算法在处理实际复杂应用场景时具有更好的实用性能。

8.3.3 UAV 实验结果

目标跟踪算法通常使用一些数据集进行性能评估,例如 OTB 数据集、VOT 数据集、TC128 数据集[15]、LaSOT 数据集[16]等。一个包含真实世界的场景和带有不同挑战的数据标注的数据集是目标跟踪算法衡量性能的关键。数据集的发展也影响着目标跟踪算法的研究方向以及如何设计一个鲁棒性的跟踪框架。然而目前大部分数据集以地面视频序列为主,无法有效对算法在空中的跟踪性能进行评估。

Matthias 等[17]提出了一个包含航空视频序列和低空 Unmanned Aerial Vehicles(UAV)视频序列的数据集 UAV123,并从中分离出了一个用于长期空中跟踪的数据集 UAV20L。UAV123 数据集包含了 123 个从低空拍摄的完全注释的视频序列和 12 种不同的空中挑战,例如纵横比更改(Aspect Ratio Change,ARC)、背景复杂(Background Clutter,BC)、摄像机运动(Camera Motion,CM)、快速运动(Fast Motion,FM)等。UAV 数据集采用了 OTB 数据集的两种指标对目标跟踪算法的性能进行了评估——精确度(Precision,P)和成功率(Success,S)。

本章选取了一些先进的算法与 SiamAS 算法进行对比,所有算法的精确率与成功率如图 8.7 和图 8.8 所示。从图中可以看出,在 UAV20L 和 UAV123 数据集上,SiamAS 算法在成功率和准确率上都排名第一,跟踪性能优于其他先进的算法。

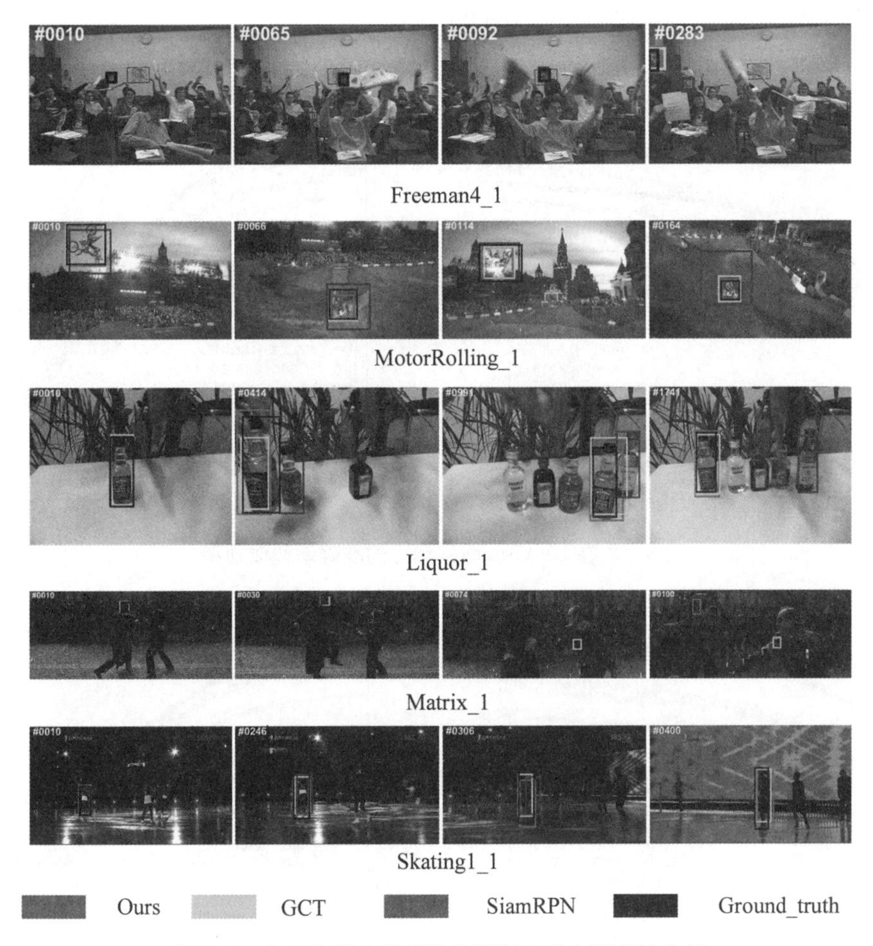

图 8.6　在五个具有挑战性的视频序列上的定性分析

8.3.4　DTB70 实验结果

DTB70 数据集由 Siyi 等[18]提出，该数据集包含 70 个带有人工标注的 RGB 图像的 UAV 视频序列。DTB70 数据集以人和汽车的视频序列为主，这些视频序列使用了专门设计的摄像机运动拍摄得到。其余视频序列来源于 YouTube，用以增加数据集的多样性。DTB 数据集从运动类型、遮挡、目标类型、场景类型、边界框分布五个方面对数据集进行了多样性的丰富和偏差的降低。DTB 数据集采用了 OTB 数据集相同的评价指标对算法性能进行定量分析。

本章选取了一些先进的算法与 SiamAS 算法进行对比，所有算法的精确率与成功率如所示。从图 8.9 中可以看出，在 DTB70 数据集上，SiamAS 算法在成功率上排名第一，在精确率上略差于 AutoTrack 跟踪算法，跟踪性能优于其他先进的算法。AutoTrack 算法是一种基于时空自动正则化的 UAV 目标跟踪算法，通过利用隐藏在响应映射中的局部和全局信息，提升算法在处理无人机视频时的性能。而本章算法通过利用稀疏表示，有效抑制无效或干扰信息的同时与正则化相结合，提升网络模型的泛化能力。因此 SiamAS 算法相较于 Auto-

Track 在成功率上提升了 2.3%。

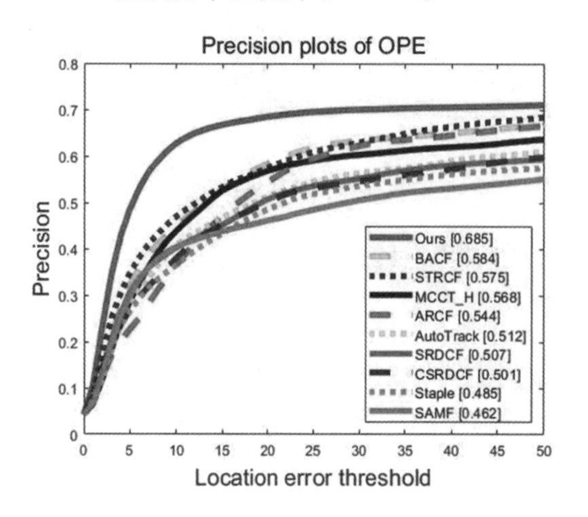

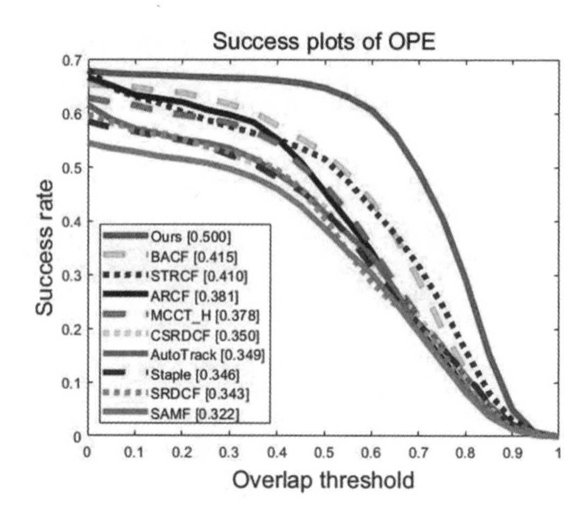

图 8.7　在 UVA20L 数据集上的准确率和成功率

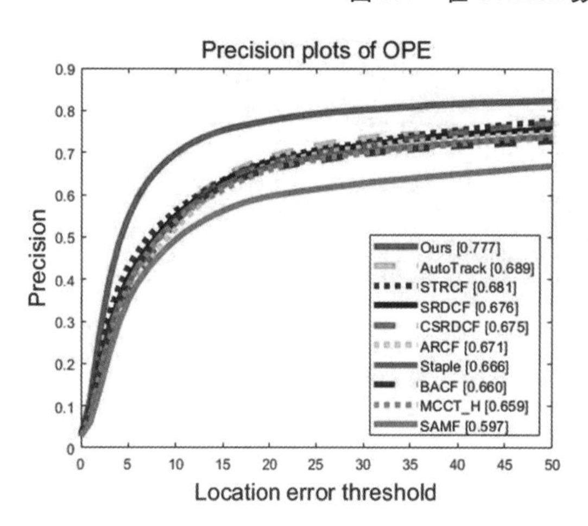

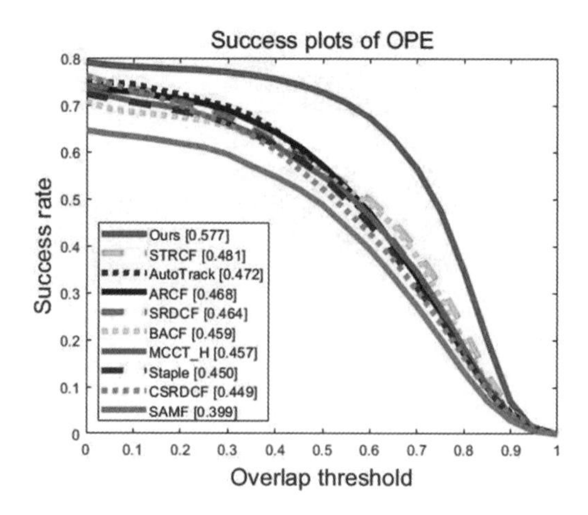

图 8.8　在 UVA123 数据集上的准确率和成功率

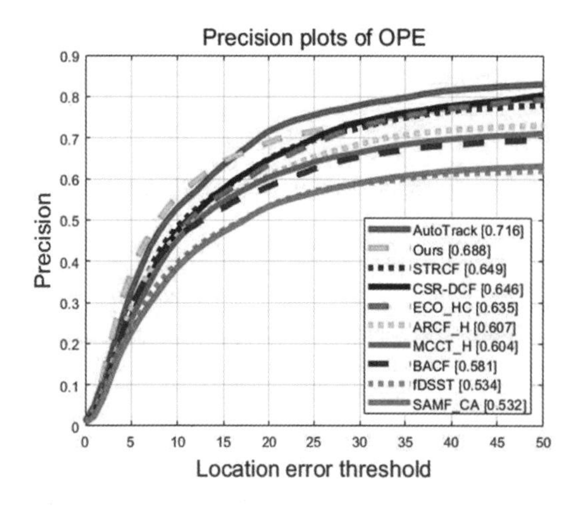

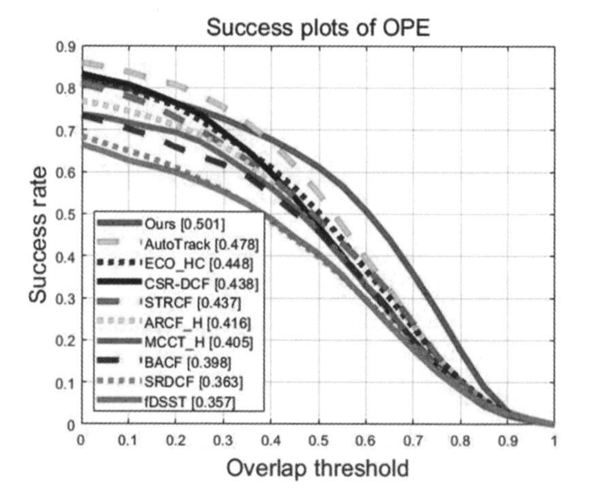

图 8.9　在 DTB70 数据集上的准确率和成功率

8.3.5　消融实验

为了验证稀疏可切换归一化与通道空间注意力对优化跟踪器性能的有效性,本章设计并训练了几种不同的网络模型,并在 OTB2015 数据集上进行了消融实验。本章将 SiamRPN 作为基准算法,使用精确率和成功率对这些网络模型进行性能评估。通过对比这些网络模型在 OTB2015 数据集上的效果分析两个模块对跟踪器的性能影响,实验结果如表 8.1 所示。

为了验证通道空间注意力模块对网络模型提取图像特征的性能影响,本章比较了 AlexNet + SimAM 网络模型和 AlexNet 网络模型,并使用了 GOT - 10k 数据集对网络模型进行离线训练。在表 8.1 上可以看出,在 OTB2015 数据集上,通道空间注意力模块与 AlexNet 相结合的特征提取网络在成功率上提升了 1.1% 的性能。这是由于通道空间注意力模块结合了通道注意力和空间注意力的优势,将特征图在 3D 维度上划分为不同的神经元,并对这些神经元进行重要性计算得到一组权重系数。通过对特征图进行加权融合实现增强感兴趣区域、提升网络模型判别能力的目的。

为了验证稀疏可切换归一化对提升网络模型输出有效数据的性能影响,本章比较了 AlexNet + SimAM + SSN 网络模型和 AlexNet + SimAM 网络模型。如表 8.1 所示,AlexNet + SimAM + SSN 网络模型相较于 AlexNet + SimAM 网络模型,在 OTB2015 数据集上提升了 0.4% 的成功率和 0.9% 的准确率。这是由于稀疏可切换归一化模块利用前向反馈计算替代传统的正则化,通过结合稀疏理论,在降低计算成本的同时,提升算法的精确度。本章所提出的跟踪器在 OTB2015 数据集上,将 SiamRPN 算法的成功率提升了 1.7% ,这表明了稀疏可切换归一化模块与通道注意力模块结合的网络模型可以提供更好的跟踪性能。

表 8.1　在 OTB2015 数据集上的消融实验

Backbone	ImageNet	GOT - 10k	Pre - training	Success	Pricision
AlexNet(baseline)	√	×	√	0.632	0.850
AlexNet + SimAM(Conv5)	×	√	√	0.643	0.853
AlexNet + SimAM + SSN(Conv5)	×	√	×	0.455	0.644
AlexNet + SimAM + SSN(Conv5)	×	√	√	0.628	0.842
AlexNet + SimAM + SSN(Conv4)	×	√	√	0.647	0.862

8.4　本章小结

在本章中提出了一种基于稀疏卷积的通道空间目标跟踪算法。结合稀疏特征的目标表示方法，从3D角度出发，对提取的特征图进行了加权。该算法将通道维度和空间维度相结合，将模板特征图划分为不同的神经元，利用不同神经元的重要性和神经元之间的相关性，在3D维度上构建注意力模型，并将其与模板特征相融合。本章所提算法使用了稀疏卷积，利用稀疏表示的原理，作为输出特征的过滤器，极大程度上减轻了计算负担。本章在OTB、UAV和DTB70三个数据集上针对所提出的算法进行了评估实验。实验结果表明，本章提出的跟踪算法比其他一些先进的算法具有更优越的跟踪性能。

参考文献

[1]Ioffe S, Szegedy C. Batch normalization: Accelerating deep network training by reducing internal covariate shift[C]. International Conference on Machine Learning, 2015: 448 -456.

[2]Webb B S, Dhruv N T, Solomon S G, et al. Early and late mechanisms of surround suppression in striate cortex of macaque[J]. Journal of Neuroscience, 2005, 25(50): 11666 - 11675.

[3]Hariharan B, Malik J, Ramanan D. Discriminative decorrelation for clustering and classification[C]. European Conference on Computer Vision, 2012: 459 -472.

[4]Aubry M, Russell B C, Sivic J. Painting - to - 3D model alignment via discriminative visual elements[J]. ACM Transactions on Graphics 2014, 33(2): 1 -14.

[5]Hillyard S A, Vogel E K, Luck S J. Sensory gain control (amplification) as a mechanism of selective attention: electrophysiological and neuroimaging evidence[J]. Philosophical Transactions of the Royal Society of London. Series B: Biological Sciences, 1998, 353(1373): 1257 -1270.

[6]Nelder J A, Wedderburn R W. Generalized linear models[J]. Journal of the Royal Statistical Society, 1972, 135(3): 370 -384.

[7]Thrun S, Littman M L. Reinforcement learning: an introduction[J]. AI Magazine, 2000, 21(1): 103 -103.

[8]Lecun Y, Bengio Y, Hinton G. Deep learning[J]. Nature, 2015, 521(7553): 436 - 444.

[9]Bahdanau D, Cho K, Bengio Y. Neural machine translation by jointly learning to align and translate[J]. ArXiv preprint arXiv:1409.0473, 2014.

[10]Martins A, Astudillo R. From softmax to sparsemax: A sparse model of attention and

multi - label classification[C]. International Conference on Machine Learning, 2016: 1614 - 1623.

[11]Ba J L, Kiros J R, Hinton G E. Layer normalization[J]. ArXiv preprint arXiv:1607.06450, 2016.

[12]Wu Y, He K. Group normalization[C]. European Conference on Computer Vision, 2018: 3 - 19.

[13]Luo P, Ren J, Peng Z, et al. Differentiable learning - to - normalize via switchable normalization[J]. ArXiv preprint arXiv:1806.10779, 2018.

[14]Shao W, Meng T, Li J, et al. Ssn: Learning sparse switchable normalization via sparsestmax[C]. Conference on Computer Vision and Pattern Recognition, 2019: 443 - 451.

[15]Liang P, Blasch E, Ling H. Encoding color information for visual tracking: Algorithms and benchmark[J]. IEEE Transactions on Image Processing, 2015, 24(12): 5630 - 5644.

[16]Fan H, Lin L, Yang F, et al. Lasot: A high - quality benchmark for large - scale single object tracking[C]. Conference on Computer Vision and Pattern Recognition, 2019: 5374 - 5383.

[17]Mueller M, Smith N, Ghanem B. A benchmark and simulator for uav tracking[C]. European Conference on Computer Vision, 2016: 445 - 461.

[18]Siyi L, Dit - Yan Y. Visual object tracking for unmanned aerial vehicles: A benchmark and new motion models[C]. AAAI Conference on Artificial Intelligence, 2017: 4140 - 4146.